A sabedoria secreta da NATUREZA

PETER WOHLLEBEN

A sabedoria secreta da NATUREZA

SEXTANTE

Título original: *Das geheime Netzwerk der Natur*

tradução: Carolina Simmer

preparo de originais: Isabella D'Ercole

revisão: Camila Figueiredo e Suelen Lopes

diagramação e adaptação de capa: Ana Paula Daudt Brandão

capa: Nayeli Jimenez

imagem de capa: Briana Garelli

impressão e acabamento: Cromosete Gráfica e Editora Ltda.

CIP-BRASIL. CATALOGAÇÃO NA PUBLICAÇÃO
SINDICATO NACIONAL DOS EDITORES DE LIVROS, RJ

W824s
Wohlleben, Peter, 1964-
A sabedoria secreta da natureza / Peter Wohlleben ; tradução
Carolina Simmer. - 1. ed. - Rio de Janeiro : Sextante, 2022.
240 p. ; 21 cm.

Tradução de: Das geheime netzwerk der natur
ISBN 978-65-5564-340-4

1. Animais - Comportamento. 2. Animais -Inteligência.
I. Simmer, Carolina. II. Título.

22-76245 CDD: 591.5
CDU: 591.5

Gabriela Faray Ferreira Lopes - Bibliotecária - CRB-7/6643

GMT Editores Ltda.
Rua Voluntários da Pátria, 45 – Gr. 1.404 – Botafogo
22270-000 – Rio de Janeiro – RJ
Tel.: (21) 2538-4100 – Fax: (21) 2286-9244
E-mail: atendimento@sextante.com.br
www.sextante.com.br

Sumário

Introdução

A natureza é como o mecanismo de um imenso relógio. Tudo funciona de forma perfeitamente organizada e interconectada. Cada peça tem seu lugar e sua função. O lobo é um exemplo disso. Dentro da ordem *Carnivora* há a subordem *Caniformia*, que inclui a família *Canidae* e a subfamília *Caninae*, que engloba o gênero *Canis*, no qual se encontra a espécie lobo. Ufa! Como predadores, os lobos regulam a quantidade de animais herbívoros, certificando-se de que a população de cervos, por exemplo, não se multiplique rápido demais. Todos os animais e plantas existem em um delicado equilíbrio, e todo ser vivo tem um propósito e um papel no ecossistema. Em tese, essa maneira de organizar a vida nos oferece uma visão ampla do mundo e, assim, um senso de segurança. Nosso passado como habitantes de planícies fez da visão o sentido mais importante; nossa espécie precisa enxergar com clareza. Mas será que realmente temos uma boa visão do que está acontecendo?

Os lobos me fazem lembrar uma história da minha infância. Eu tinha cerca de 5 anos e estava de férias, visitando meus avós em Würzburg, quando meu avô me deu um relógio antigo. A primeira coisa que fiz foi desmontá-lo, porque queria entender como ele funcionava. Apesar de eu ter certeza de que conseguiria rearrumar as peças do jeito certo, foi impossível. Afinal, eu era apenas um menino. Depois que o montei de novo, percebi que tinha faltado usar algumas engrenagens – e que meu avô não estava com o melhor dos humores. Na natureza, os lobos são essas engrenagens. Se eles fossem erradicados, não apenas o inimigo das ovelhas e dos fazendeiros desapareceria, como também o mecanismo perfeitamente afinado da natureza começaria a funcionar de forma diferente, alterando até o curso de rios e causando a extinção de muitas espécies locais de pássaros.

As coisas também podem dar errado com o acréscimo de uma espécie. Por exemplo, a introdução de um peixe não nativo leva a uma grande redução da população local de alces. Um peixinho pode causar isso tudo? Ao que parece, os ecossistemas da Terra são complexos demais para serem divididos e compreendidos através de regras simples de causa e efeito. Até medidas de preservação ambiental podem ter resultados inesperados. Quem imaginaria, por exemplo, que recuperar a população de pássaros grous na Europa afetaria a produção do presunto ibérico?

Assim, está mais do que na hora de refletirmos sobre as interconexões entre espécies, independentemente do tamanho delas. Isso nos dará a oportunidade de contemplar criaturas estranhas, como as moscas noturnas de cabeça vermelha, que só aparecem no inverno, em busca de ossos velhos, ou os besouros, que adoram orifícios em árvores podres, onde se empanturram com os restos de penas de pombos e corujas (mas só quando esses dois tipos estão misturados). Quanto mais você observa as relações entre espécies, mais fatos fascinantes se revelam.

Porém, a natureza é muito mais complexa do que um relógio. Ela não se resume apenas a engrenagens conectadas. Sua rede é tão intrincada que provavelmente nunca a compreenderemos em sua totalidade. E isso é bom, porque significa que plantas e animais sempre vão nos fascinar. É importante entendermos que até pequenas intervenções podem ter consequências enormes e que é melhor não tocarmos em nada da natureza a não ser que seja absolutamente imprescindível.

Para você conseguir visualizar melhor essa rede complexa, quero mostrar alguns exemplos. Vamos nos maravilhar juntos.

1. Sobre lobos, ursos e peixes

Os lobos são um exemplo maravilhoso de como as conexões da natureza podem ser complexas. Surpreendentemente, esses predadores são capazes de alterar margens de rios e mudar o curso da água.

Yellowstone, o primeiro parque nacional criado nos Estados Unidos, já foi palco de uma mudança desse tipo. No século XIX, as pessoas deram início ao processo de erradicar lobos da reserva, uma resposta à pressão de fazendeiros locais preocupados com seus rebanhos. A última matilha foi aniquilada em 1926. Lobos solitários foram vistos ocasionalmente até a década de 1930, mas também acabaram sendo eliminados. Os outros animais que habitavam o parque foram poupados ou, em alguns casos, incentivados a se reproduzir. Nos invernos mais rigorosos, os guardas-florestais chegavam a alimentar os alces.

As mudanças vieram bem rápido. Quando os predadores deixaram de viver por lá, a população de alces começou a aumentar de forma constante, e grandes áreas do parque foram desmatadas. O impacto sobre as margens dos rios foi especialmente grande. A grama apetitosa à beira da água desapareceu, junto com todos os brotos que cresciam ali. A paisagem desolada não oferecia comida suficiente nem aos pássaros, e a quantidade de espécies diminuiu muito. Os castores também saíram perdendo, porque, além da água, também dependiam das árvores que cresciam nos arredores. Salgueiros e álamos são algumas de suas comidas prediletas. Eles derrubam as árvores para alcançar suas camadas mais ricas em nutrientes, que devoram com voracidade. Como todas as jovens árvores caducifólias à beira da água iam parar no estômago de alces famintos, os castores passaram a não ter mais do que se alimentar – e desapareceram.

As margens ficaram devastadas, e, na ausência de vegetação para proteger o solo, enchentes sazonais levavam embora quantidades cada vez maiores de terra e, com isso, a erosão avançou rapidamente. Como resultado, os rios começaram a formar mais meandros, seguindo rotas tortuosas pela paisagem. Quanto menor é a proteção para as camadas inferiores do solo, maior é o efeito serpentina, especialmente em terrenos planos.

Essa situação triste se perpetuou por décadas, ou, para ser mais exato, até 1995. Foi nesse ano que lobos capturados no Canadá foram soltos em Yellowstone para recuperar o equilíbrio ecológico do parque. Depois disso, e até hoje, aconteceu o que os cientistas chamam de cascata trófica. Em resumo, isso significa que a cadeia alimentar muda todo o ecossistema, começando pelo topo. Agora é o lobo que está no topo da cadeia e isso provocou o que seria melhor descrito como uma "avalanche trópica".

Os lobos fizeram aquilo que todos nós fazemos quando sentimos fome: procuraram algo para comer. E encontraram um parque cheio de alces distraídos. Dá para imaginar o que aconteceu: os lobos comeram os alces, cuja população diminuiu muito, e, assim, as mudas de árvore voltaram a crescer. Então a solução para a falta de árvores é ter florestas cheias de lobos em vez de alces? Por sorte, a natureza não gosta de simplesmente trocar um animal por outro, e vou explicar por quê. Se a população de alces for muito pequena, os lobos demoram muito para encontrá-los.

Caçadas difíceis demais não são vantajosas, pois forçam os lobos a sair do parque para não morrerem de fome.

No entanto, em Yellowstone, havia outra questão além da diminuição da quantidade de alces. Por causa da presença dos lobos, o comportamento dos alces mudou – e o propulsor dessa mudança foi o medo. Eles começaram a evitar as áreas abertas nas margens dos rios, se recolhendo a locais mais protegidos. Sim, eles iam até a água de vez em quando, mas não demoravam muito ali e ficavam o tempo todo prestando atenção nos arredores, preocupados com a possível presença dos caçadores de pelagem cinza. Essa tensão constante fazia com que sobrasse pouco tempo para baixar a cabeça até os brotos de salgueiros e álamos, que agora nasciam em abundância ao longo das margens. As duas árvores são consideradas espécies pioneiras e crescem mais rápido que o usual: é comum que cresçam um metro por ano.

Em alguns anos, as margens recuperaram a estabilidade. Isso fez com que a corrente dos rios perdesse velocidade e, assim, carregasse menos terra. A formação de meandros foi interrompida, apesar de as curvas tortuosas já entalhadas na paisagem terem permanecido. Mais importante, os castores voltaram a ter comida e retomaram a construção de suas barragens, diminuindo ainda mais o fluxo da água. Poços se formaram, criando pequenos paraísos para anfíbios. Em meio a esse aumento da diversidade, o número de espécies de pássaros também cresceu muito. (O site do Parque Nacional de Yellowstone tem um vídeo impressionante sobre o assunto.)[1]

No entanto, há quem questione essa relação entre causa e consequência. Ao mesmo tempo que os lobos voltaram, uma seca de muitos anos acabou, e chuvas fortes criaram condições melhores para as árvores – tanto os salgueiros como os álamos adoram solo úmido. Porém, essa explicação para o aumento da vegetação ignora os castores. Nos locais habitados por esses engenheiros dentuços, variações de precipitação quase não afetam o surgimento de árvores, pelo menos não ao longo dos rios. As barragens dos castores contêm a água, encharcando as margens e facilitando a manutenção de um solo molhado para as plantas, mesmo que não chova por meses. Foi exatamente esse processo que os lobos desencadearam: menos alces perto das margens dos rios = mais salgueiros e álamos = mais castores.

Infelizmente, terei que desapontá-los, porque o cenário é mais complicado que isso. Alguns pesquisadores acreditam que o problema se resumia ao número de alces e não ao comportamento desses animais. Nesse caso, o retorno dos lobos fez o número de alces diminuir no parque (porque muitos foram devorados). Portanto, é mais difícil encontrá-los perto dos rios.

Talvez tenha ficado confuso agora. É compreensível. Devo admitir que, por um tempo, até eu me sentia como o menino de 5 anos que mencionei na Introdução. No caso de Yellowstone, não resta dúvida de que, com a diminuição da intervenção humana, os ponteiros do relógio começaram a se movimentar novamente. E o fato de os cientistas ainda não compreenderem o processo em todos os detalhes é animador. Quanto mais aceitarmos que até a menor das intervenções pode provocar mudanças imprevisíveis, mais peso ganham os argumentos a favor da proteção de grandes áreas.

A reintrodução dos lobos não ajudou apenas as árvores e os habitantes das margens dos rios. Outros predadores também se beneficiaram. A situação não parecia muito promissora para os ursos-cinzentos nas décadas em que a população de alces disparava. No outono, eles dependem de frutos vermelhos. Devoram essas guloseimas cheias de açúcar e carboidratos sem parar, para engordar antes do inverno. Porém, em algum momento, os arbustos com suprimentos aparentemente intermináveis pararam de oferecer frutos suficientes, ou melhor, começaram a ser atacados por outros animais – os alces também adoram essas frutas calóricas. Quando os lobos voltaram a caçar esses rivais, os ursos passaram a encontrar mais frutos no outono. Desde a chegada dos lobos, os ursos estão em melhor condição de saúde.[2]

Comecei esta história dizendo que os lobos foram erradicados devido à pressão de fazendeiros. Os animais desapareceram, porém os seres humanos continuaram lá. Até hoje, fazendeiros vivem em torno de Yellowstone e soltam seus rebanhos em pastagens que margeiam os limites do parque. Muitos deles não mudaram de comportamento ao longo das décadas, então não surpreende o fato de os lobos serem mortos no instante em que saem da reserva. Nos últimos anos, o número de lobos teve uma queda expressiva, saindo de 174 animais em 2003 para cerca de 100 em 2016.

Um dos motivos para a redução são os avanços da tecnologia. Muitos dos lobos de Yellowstone agora usam coleiras com rastreador para ajudar os pesquisadores a localizar matilhas e entender como elas se movimentam pelo parque – ou quando saem dele. Elli Radinger, que passou anos observando lobos na reserva norte-americana, me contou que as pessoas detectam ilegalmente o sinal dos rastreadores para atirar nos animais no instante em que eles deixam a proteção do parque. Essa é a forma mais eficiente de caçar lobos, e parece que os caçadores da Alemanha também aprenderam essa técnica. Foi assim que um jovem lobo que usava uma coleira com rastreador foi morto em 2016, na reserva ambiental Lübtheener Heide, em Mecklenburg-Vorpommern.[3] A telemetria por rádio ajuda cientistas a compreender o movimento dos lobos, e é irônico que uma ferramenta criada para proteger os animais seja usada por caçadores para encontrá-los e matá-los.

Apesar da notícia ruim, os lobos também são embaixadores do otimismo sobre a preservação ambiental. É quase inacreditável que animais selvagens desse tamanho consigam voltar para uma região tão densamente habitada quanto a Europa Central, e que o grande motivo por trás do sucesso dos lobos seja o fato de as pessoas da região não apenas aceitarem seu retorno, mas também torcerem por ele. Isso é uma alegria para todos os amantes da natureza e principalmente para a natureza em si.

A Europa Central possui muitas regiões em situação parecida com a de Yellowstone. Grandes populações de cervos e javalis vagam sem as limitações impostas por lobos e predadores semelhantes. E, seguindo a prática realizada com os alces no parque norte-americano, os cervos e javalis europeus recebem grandes quantidades de comida. Invernos rígidos pouco interferem nos níveis populacionais, e até os animais fracos sobrevivem e procriam, felizes. No entanto, os programas de alimentação suplementar não são cortesia de guardas-florestais. São oferecidos por caçadores, que levam quantidades enormes de milho, beterraba e feno para as florestas, garantindo que seu empório a céu aberto esteja sempre abastecido com animais para caçarem.

Os guardas podem até não oferecer comida, mas o serviço ambiental faz a sua parte. As florestas europeias são muito exploradas, e a derrubada sistemática das árvores permite que uma grande quantidade de luz alcance o solo, facilitando o crescimento de gramíneas e plantas herbáceas por todo canto. Esse verde faz parte do programa de alimentação suplementar que incentiva o aumento das populações. Hoje, o número de corços nas florestas alemãs é 50 vezes maior do que o encontrado em florestas ancestrais. Cervos-vermelhos, animais que originalmente viviam em planícies, agora se abrigam na segurança das árvores enquanto o ser humano ocupa seus pastos antigos. Bandos de cervos comem a maioria das mudas, o que significa que a regeneração natural da mata parou de ocorrer na maior parte dos lugares.

Isso é ruim para a floresta, mas bom para os lobos. As matilhas que retornam encontram uma despensa cheia de guloseimas que não sabem mais se defender. Por mais de 100 anos, o caçador humano foi seu único inimigo. Em comparação com a maioria dos habitantes da floresta, os seres humanos são lentos e escutam mal. A visão é nosso sentido mais apurado – pelo menos enquanto há luz do dia –, e é por isso que inúmeras gerações de grandes herbívoros aprenderam que é melhor se esconder na mata durante o dia e só sair à noite. A tática deu tão certo que a maioria das pessoas fica surpresa ao descobrir que a Alemanha abriga mais mamíferos selvagens grandes do que quase qualquer outro país, levando em conta seu tamanho. E então surge o lobo, trazendo uma técnica de caça completamente diferente.

A primeira coisa que os lobos fizeram na Alemanha foi abocanhar presas "fracotes", como os muflões. Os cientistas debatem se a espécie realmente é selvagem ou se não passa de um carneiro domesticado que voltou à mata. Séculos atrás, os muflões foram soltos nas ilhas do Mediterrâneo e acabaram alcançando a Europa Central. O motivo para esse avanço foram seus impressionantes chifres recurvos, que formam quase um círculo completo – um belo troféu de caça para pendurar sobre a lareira, ao lado da galhada de cervos. Nos dias atuais, os muflões continuam sendo soltos na mata, apesar de isso ser ilegal. (Na maioria dos casos, a cerca ao redor do seu pasto foi "danificada".)

Apesar de sua história, eles não são nativos da Europa Central, e eventos recentes apoiam a teoria de que podem inclusive ser descendentes de rebanhos domesticados: sempre que lobos surgem, as ovelhas desaparecem – vão parar no estômago dos lobos. Parece que os carneiros se esqueceram de como escapar.

Outro fator negativo é a maneira como se adaptaram à vida nas montanhas. Os muflões são escaladores habilidosos, que se refugiam de predadores em rochedos íngremes, lugares que habitantes de planícies, como os lobos, não conseguem alcançar. Na floresta, essa habilidade perde a utilidade, e, quando o assunto é velocidade, os carneiros perdem feio para os lobos. Assim, na Alemanha, eles são pegos desprevenidos, e a ordem natural é reestabelecida.

Os corços e cervos-vermelhos são os próximos da lista. Isso pode ser surpreendente. Por que não os animais domésticos? Se os carneiros muflões são uma presa tão fácil, o que acontece com as ovelhas, as cabras ou os bezerros domesticados? Afinal, a maioria deles simplesmente fica parada atrás de cercas frágeis que impedem sua fuga mas que lobos atravessam com facilidade, pulando por cima ou se arrastando por baixo. Em vez de consultarmos fontes sensacionalistas, como as manchetes de tabloides que adoram escrever sobre supostos ataques de lobos (já voltaremos a esse assunto), é melhor darmos uma olhada nos achados científicos, que analisam excrementos de lobos da Lusácia, no leste alemão – uma das populações mais densas e mais antigas desses caçadores de pelagem cinza em todo o país.

Após coletar milhares de amostras, os pesquisadores do Museu de História Nacional Senckenberg, em Görlitz, chegaram à seguinte conclusão: a base da dieta dos lobos não é composta de carneiros nem cabras, mas de corços, que constituem mais de 50% de sua alimentação total. Os cervos-vermelhos e os javalis totalizam 40%, e, não, animais domésticos ainda não são os próximos da lista. Essa honra pertence a lebres e pequenos mamíferos semelhantes, com cerca de 4%. Os gamos, que constituem 2%, são – assim como os muflões – uma espécie exótica que foi solta na natureza para ser caçada por seres humanos, e os lobos gostam de enviá-los para o grande pasto no céu. Só então chegamos aos poucos animais de fazenda na lista de presas, correspondendo a míseros 0,75%.[4]

Ao folhear as páginas de um jornal sensacionalista, você pensaria que a situação é completamente diferente. Nelas, predominam os relatos de ataques contra animais de fazenda, todos dignos de destaque. Mesmo antes da divulgação dos resultados de exames genéticos para se ter certeza de que o culpado foi mesmo um lobo, e não um cachorro selvagem, a notícia já correu. Se, no fim das contas, o lobo não tiver sido o responsável, a correção costuma aparecer em uma notinha no canto do jornal, e a população continua achando que todas as cabras e ovelhas correm perigo iminente.

Mas não precisa ser assim. É relativamente fácil manter lobos afastados dos preciosos animais de fazenda. Na maioria dos casos, uma simples cerca elétrica resolve o problema, e muitos fazendeiros já as utilizam para proteger seus animais. Esse tipo de cerca parece uma rede com uma malha áspera. Os fios finos de metal entrelaçados ficam eletrificados quando a cerca é ligada a um gerador.

Na minha casa, fechamos o pasto das cabras com uma cerca dessas, e muitas vezes já aconteceu de eu esquecer de desligá-la antes de entrar no espaço. Dói, viu? Parece que alguém bateu nas suas costas com uma tábua de madeira. Após esses deslizes, passo dias sendo neurótico, verificando a cerca o tempo todo, só para ter certeza de que o arame não está eletrizado antes de tocá-lo. O choque é muito pior para os lobos, porque eles tocam a barreira com o focinho ou as orelhas. Depois dessa experiência, eles preferem jantar um filé de cervo ou javali a arriscar sentir tanta dor de novo. O importante é garantir que a cerca seja alta o suficiente e esteja funcionando. Alguns especialistas dizem que 90 centímetros é o suficiente, mas eu e minha esposa preferimos pecar pelo excesso e usamos uma de 1,20 metro.

Elli Radinger, "minha" especialista em lobos, me contou que as matilhas podem mudar de refeição favorita se alguns dos seus levarem tiros e morrerem. Em vez de caçar javalis, corços ou cervos-vermelhos, como faziam antes, eles podem se voltar para ovelhas e outros animais domesticados. Inimigos de lobos que querem mantê-los longe do gado devem deixar suas armas guardadas no armário.

Tem mais uma coisa relacionada aos lobos: eles oferecem certa intensidade a todo passeio pela floresta. Lembro nitidamente de como fiquei feliz e animado no dia em que encontrei pegadas de um lobo. Não, não aqui em Hümmel, onde moro com minha família, mas em uma trilha isolada em uma floresta da Suécia. Aquelas pegadas bastaram para transformar meu passeio em uma aventura e fizeram a floresta inteira parecer mais selvagem. É exatamente essa sensação que quero compartilhar com o máximo de pessoas possível: o lobo restaura a alma selvagem da mata. Ele mostra que, mesmo nas partes mais habitadas do mundo, é possível permitir o retorno de animais medianos que desapareceram há muito tempo. Em contraste com a situação de Yellowstone, na Alemanha os lobos estão voltando por conta própria, vindo da Polônia, e aos poucos aumentando seu território.

Isso significa que você precisa ter medo de caminhar na floresta? Nos jornais da Alemanha há cada vez mais relatos de ataques de lobo. Não é que eles machuquem todo mundo, mas sua presença perto de vilarejos ou, pior ainda, de escolas é suficiente para apavorar algumas pessoas. Nem preciso dizer que lobos são animais selvagens e que é uma péssima ideia tentar fazer carinho neles ou abraçá-los, porém, contanto que não sejam forçados a aguentar nossa presença, os riscos são pequenos.

Infelizmente, sempre há aqueles que desejam alimentar os lobos. É bem provável que esse tenha sido o problema com Kurti e Pumpak, os animais que insistiam em se aproximar em vilarejos próximos de Münster e na Lusácia, respectivamente. Os dois acabaram sendo mortos a tiros, apesar de não terem feito nada grave. Nesses casos, a culpa não foi dos animais, mas das pessoas que lhes ofereceram comida.

Vamos encarar a situação sob uma perspectiva diferente. Até que ponto seria perigoso se, em algum momento do futuro, as poucas centenas de lobos vagando por nossas florestas se transformassem em milhares? A verdade é que convivemos com uma situação muito mais preocupante há anos, porque o campo e os centros urbanos já estão lotados de lobos. Estou falando dos cachorros, que diferem de seus ancestrais em apenas uma característica importante: deixaram de sentir medo de nós. Se você encontrar um lobo, é provável que ele esteja apenas curioso e desapareça depois de descobrir com o que está lidando. Os lobos não nos encaram como presas.

E não devo surpreender ninguém quando digo que, entre as duas opções, encontrar um cachorro seria muito mais preocupante. Se tivesse que escolher entre deparar com um pastor-alemão abandonado ou um lobo, eu ficaria com o animal selvagem. De acordo com Olaf Tschimpke, presidente da organização de preservação ambiental alemã NABU, são relatados 10 mil incidentes de mordidas de cachorros em seres humanos por ano, e alguns deles são tão graves que as vítimas morrem em decorrência dos ferimentos.[5] Vamos supor que apenas uma fração dessas mordidas fosse infligida por lobos. Haveria gente exigindo que todos eles fossem mortos.

No entanto, no momento são os javalis, não os lobos, que dominam as manchetes alemãs. Por exemplo, em plena Berlim, esses porcos cavam gramados calmamente enquanto os donos das casas tentam espantá-los, batendo palmas ou gritando. Canteiros de tulipas são destruídos, vinhedos ou milharais, devastados – por todo canto, os javalis são responsáveis por perdas econômicas e frustração. Faz anos que a população de javalis segue uma única tendência: o aumento. Eles não têm inimigos naturais no país. Ou, para ser mais preciso, não tinham, porque foi apenas recentemente que o lobo ressurgiu como um adversário preocupante.

Um dia, anos atrás, eu caminhava por uma antiga mina aberta de carvão quando encontrei sinais de lobos. Os ossos e pelos pretos grossos empilhados obviamente eram restos de javali. Pela primeira vez, entendi como deve ser difícil a vida de um lobo e como eles precisam arriscar a vida sempre que desejam comer.

Esses restos mortais me fizeram lembrar das caçadas de que eu participava como ajudante. Certa vez, os cachorros encontraram um javali nos arbustos e imediatamente começaram a persegui-lo. Naquela noite, apenas três dos cinco cachorros voltaram. Os outros dois provavelmente morreram na briga. Muitos caçadores que usam cães insistem para que o veterinário local seja informado sobre o evento e fique de prontidão. No fim do dia, depois que os trabalhos são encerrados, muitos suturam os ferimentos dos cachorros por conta própria – feridas causadas pelas presas afiadas de javalis.

Para os lobos, até o menor dos ferimentos pode ser fatal, porque um lobo que precisa caçar com qualquer tipo de desvantagem provavelmente vai morrer de fome. É admirável como esses caçadores de pelagem cinza superam todos os perigos que encontram diariamente ao longo da sua vida.

Antes de finalizarmos o assunto dos lobos, quero voltar a Yellowstone. "Yellowstone de novo?", você pode se perguntar. "Sério?" Bom, poderia ser qualquer outro lugar no mundo coberto com vegetação e que seja abrigo de grande variedade de animais. Até poderia ser o caso da Europa Central. No entanto, precisa ser uma área muito grande – neste caso, com milhares de quilômetros quadrados –, onde as pessoas não consigam mais manipular o ambiente de nenhuma forma. Infelizmente, áreas desse tipo não existem na Europa Central.

Mas e as reservas ambientais? Não existem várias regiões que recebem essa designação? Sim, mas essas áreas de preservação são minúsculas se comparadas com os padrões da natureza. Na maioria delas, não há espaço suficiente para uma única matilha de lobos, o que significa que não é possível observar os processos naturais em ação. E mesmo em reservas ambientais, infelizmente, acontecem grandes intervenções. Por exemplo, as grandes operações de desmatamento na Alemanha – que são maiores do que o normal em florestas comerciais – se desenrolam em alguns desses parques. Os mandachuvas chamam essas áreas de zonas de desenvolvimento. Mesmo que esses desbastes sistemáticos sejam executados com as melhores intenções, eles ainda indicam que o ser humano constantemente interfere em processos naturais.

A única maneira de compreender como a natureza pode nos surpreender é simplesmente observando e deixando as coisas seguirem seu curso – talvez também ajudando espécies erradicadas a recuperar território e incentivando animais forasteiros, introduzidos na área, a ir embora. Como isso não acontece em locais densamente povoados, como a Alemanha, devemos buscar essas histórias de sucesso em outras partes do mundo, o que nos leva de volta a Yellowstone.

Desta vez, os peixes são o foco da história, ou, para ser mais exato, as trutas-de-lago. As trutas-de-lago são nativas do Canadá e dos Estados Unidos (por exemplo, nos Grandes Lagos), onde sua quantidade diminuiu muito. Como agora são consideradas uma espécie em perigo, foram feitos grandes investimentos em programas de criação artificial para ajudar a manter as populações selvagens. No entanto, não é em todos os locais onde vivem que esses habitantes de lagos correm o risco de serem extintos, chegando até a ser uma ameaça em alguns deles. Ninguém sabe quem foi o responsável – se foram pescadores amadores que desejavam aumentar a variedade de peixes disponíveis ou pessoas que não compreendiam bem o funcionamento da preservação da vida selvagem –, mas, na década de 1980, as trutas-de-lago subitamente apareceram no Lago Yellowstone.

Isso não seria um problema se não fosse o fato de o ecossistema já abrigar um dos parentes menores da truta-de-lago: a truta-salmonada. O nome vem da parte inferior do peixe, manchada de vermelho. Também chamada de "truta-assassina", esse nome descreve bem a batalha que as duas espécies travam agora. As novatas trutas-de-lago estão vencendo a guerra contra os peixes originários da região, se tornando a maior população – e a briga não afeta apenas a truta-salmonada. Surpreendentemente, os alces do parque também estão sofrendo com essa competição sanguinolenta.

Mas qual é a ligação entre os alces – que são herbívoros – e os peixes? De novo, a peça fundamental do quebra-cabeça é um intermediário. Nesse caso, os ursos-cinzentos. Ursos-cinzentos adoram comer trutas-salmonadas, que se tornaram escassas desde a aparição das trutas-de-lago. As salmonadas se reproduzem em córregos, onde são presas fáceis. As trutas invasoras têm um comportamento diferente. Elas evitam afluentes de água cristalina e depositam seus ovos no fundo do lago, o que significa que os peixes exaustos com a nova prole ficam bem longe do alcance dos ursos-cinzentos. Eles precisam encontrar novas presas para acabar com o ronco em sua barriga. Essas presas são mais difíceis de caçar e ficam em terra. Os ursos, então, passam a perseguir os alces, que acabam sendo vencidos por um golpe poderoso das patas dos agressores. Agora isso acontece com tanta frequência que a população de alces diminuiu de forma expressiva.[6]

Nós devíamos estar comemorando esse fato, não é? Não acabamos de elogiar o retorno dos lobos justamente por reduzir a população de alces? Os ursos não estão fazendo a mesma coisa? Mais uma vez, a situação não é tão simples assim. Enquanto os lobos caçam animais mais velhos, os ursos caçam os mais novos, alterando drasticamente a distribuição da idade dos bandos. Em outras palavras: por causa dos ursos, a idade média dos alces está aumentando, e isso acelera o ritmo de declínio da população. Bom para as árvores, péssimo para os alces.

Essa é outra prova de que ecossistemas são multifacetados e mudanças nunca afetam apenas uma espécie. É possível que o lobo não seja o principal influenciador de Yellowstone e que o duelo entre trutas e ursos leve esse prêmio? Parece que o tal relógio enorme tem mais engrenagens do que imaginávamos.

Falando em peixes: eles são tão importantes para o mecanismo da floresta que merecem um capítulo à parte.

2. Salmões nas árvores

A relação entre árvores e peixes mostra como os ecossistemas podem ser complexos. O crescimento das árvores pode ser quase completamente dependente desses ágeis seres prateados, ainda mais em regiões com solo pouco fértil. No fim das contas, peixes e rios têm um papel importante na distribuição de nutrientes.

Vamos começar com o salmão. Os salmões jovens nadam para o oceano, onde permanecem por dois a quatro anos. Eles caçam e aproveitam a vida, mas seu principal objetivo é crescer e engordar. Na costa noroeste da América do Norte, há muitas espécies diferentes de salmão, sendo o salmão-rei (também conhecido como chinook) a maior delas. Após seus anos de juventude no mar, um rei adulto chega a medir 1,5 metro e pesar 30 quilos. Ele não apenas fica bem musculoso após explorar a vastidão do oceano em busca de comida, como também armazena muita gordura, que será necessária para sobreviver à árdua jornada de volta ao rio onde nasceu.

Os salmões nadam contra a corrente para chegar à nascente de seu rio natal, às vezes percorrendo muitas centenas de quilômetros e várias cachoeiras. O corpo deles carrega quantidades consideráveis de nitrogênio e fósforo, mas esses nutrientes não são interessantes para o salmão. Eles estão lutando para subir o rio, onde poderão procriar, ou melhor, se entregar ao único frenesi de paixão que vão experimentar antes de dar o último suspiro.

Ao longo da jornada, a pele prateada do salmão perde o brilho metálico e assume um tom avermelhado. Os peixes param de comer e perdem peso ao queimar suas reservas de gordura. Com suas últimas forças, acasalam no rio em que nasceram e então, exaustos, morrem. Para a floresta e seus habitantes, o deslocamento dos salmões significa que chegou a hora de sair e pescar. Caçadores famintos – ursos – ladeiam as margens dos rios. Ao longo da costa norte-americana do Pacífico, ursos-negros e ursos-pardos ficam a postos. Os salmões que lutam para vencer a corrente são pescados e ajudam os ursos a desenvolver uma grossa camada de gordura para o inverno.

Dependendo da localização e do momento, os salmões já perderam parte do peso quando são capturados. Os ursos consomem a maioria das presas no começo da temporada, porém vão ficando cada vez mais seletivos. Eles continuam pegando os salmões magros – que gastaram suas reservas e, portanto, oferecem menos calorias –, mas não os devoram completamente pela falta de gordura, e as carcaças que descartam servem de alimento a muitos outros animais. Martas, raposas e aves de rapina, além de vários insetos, atacam os restos mordiscados e os espalham ainda mais pela floresta.

Após a refeição, algumas partes do salmão (como as espinhas e a cabeça) são deixadas no solo, fertilizando-o. Muito nitrogênio também é distribuído por meio das fezes que os animais produzem após o banquete. A quantidade de nitrogênio nas florestas próximas a rios de salmões é enorme. Os cientistas Scott M. Gende e Thomas P. Quinn relatam que, de acordo com uma análise detalhada de moléculas, cerca de 70% do nitrogênio em vegetações próximas desses rios vem do oceano – em outras palavras, dos salmões. Seus dados indicam que o nitrogênio do salmão acelera tanto o crescimento das árvores que os abetos da região crescem três vezes mais rápido do que sem o fertilizante marítimo.[1] Em algumas árvores, mais de 80% do nitrogênio pode ter origem nos peixes. Como sabemos disso com tanta precisão? A resposta está no isótopo nitrogênio-15, que, no Noroeste Pacífico, é encontrado quase exclusivamente no oceano – ou nos peixes que vivem lá. Portanto, a presença dessas moléculas em plantas permite que os pesquisadores façam uma conexão direta com a fonte do nitrogênio – nesse caso, o salmão.

No fim das contas, nem todos os nutrientes desejados permanecem em terra. Com o tempo, eles são ingeridos e digeridos, as fezes contendo nutrientes são depositadas no solo e os nutrientes se infiltram aos poucos. As árvores ficam de prontidão, sugando-os avidamente com suas raízes. São auxiliadas por fungos, que envolvem as raízes com uma fina teia felpuda, ajudando-as a absorver uma grande variedade de nutrientes. Com o tempo, as árvores perdem as folhas ou ramas; quando morrem, seus troncos apodrecem e viram parte do solo. Após um exército de organismos fazer um trabalho de limpeza, destrinchando os restos vegetais, os nutrientes passam para a próxima árvore, que vai absorver os elixires da vida através da terra. No entanto, nem todos os nutrientes permanecem presos nessa fina teia. É inevitável que alguns sejam levados pelos rios de volta ao oceano, onde inúmeras formas de vida minúsculas aguardam o alimento.

Um estudo japonês surpreendente mostra a importância do legado das árvores para o oceano. Katsuhiko Matsunaga, um oceanógrafo químico da Universidade de Hokkaido, descobriu que folhas caídas liberam ácidos em córregos e rios, e essas substâncias são levadas para o oceano. Lá, esses ácidos abastecem a produção de plânctons, o primeiro e mais importante elo da cadeia alimentar. A quantidade de peixes aumenta por causa das florestas? O pesquisador recomendou que empresas de pesca locais plantassem árvores pela costa e nas margens dos rios. Mais árvores significa mais folhas caindo na água, e, com o tempo, as empresas de pesca locais passaram a capturar mais peixes e ostras.[2]

Mas voltemos ao salmão fertilizador de abetos e outros tipos de plantas nas florestas do Noroeste Pacífico. As árvores não são as únicas beneficiárias indiretas. Por exemplo, o Dr. Tom Reimchen, da Universidade de Victoria, descobriu que até 50% do nitrogênio em alguns insetos vem dos peixes.[3] A abundância de nutrientes ao longo dos rios de salmões pode ser observada na maior biodiversidade de animais, plantas e pássaros. Os devoradores da carniça dos salmões (raposas, pássaros e insetos) se tornam presas de outros animais na floresta.

O Dr. Reimchen e membros da sua equipe também coletaram amostras do núcleo de árvores velhas. Seus anéis de crescimento são como arquivos históricos: refletem tudo que a árvore enfrentou durante a vida. Anéis estreitos indicam anos de seca e os largos, de muita chuva. Também podemos, é claro, detectar a quantidade de nutrientes disponível para a árvore. Assim, há uma conexão direta entre o número de peixes existentes nos primeiros anos de sua vida e a porcentagem de isótopo nitrogênio-15 na madeira – é assim que as amostras do núcleo nos oferecem informações sobre quantos salmões já nadaram nesses rios. A quantidade de peixes diminuiu muito no último século, sendo dizimados em muitos rios da América do Norte.

Mas o que essa história tem a ver com as florestas europeias? Muito, se pensarmos em como a natureza já foi. Rios europeus eram cheios de salmões, e ursos-pardos habitavam a região. Infelizmente, não podemos testar as árvores dessa época em busca do nitrogênio dos peixes, porque essas árvores não existem mais. Da Idade Média em diante, florestas foram desmatadas ou tão intensamente exploradas que todas as árvores antigas desapareceram.

Hoje em dia, as faias, os carvalhos, os abetos e os pinheiros crescendo na Alemanha têm uma média de menos de 80 anos. Na época em que nasceram, não havia mais ursos nem acasalamento de salmões nos rios alemães, então sua madeira não contém muito nitrogênio-15. Mas e as árvores de eras anteriores? Uma forma de descobrir quanto nitrogênio-15 elas tinham seria testar as vigas de madeira de chalés antigos, porém eu nunca soube de ninguém que tenha feito isso.

Não resta dúvida, no entanto, de que já houve muito salmão na Alemanha, e temos provas registradas disso, como um documento que proibia que servos comessem salmão mais de três vezes na semana.[4] O salmão do Atlântico é a espécie nativa da Europa, que hoje está retornando a muitos rios graças aos esforços de organizações ambientais – especialmente por seu empenho em limpar as vias aquáticas. Eu cresci perto do Reno e lembro que meus pais não me deixavam brincar na água. Na época, indústrias químicas despejavam um coquetel de lixo nele, e a mistura era tão poluente que poucas espécies de peixes sobreviviam.

Aos poucos e a partir dos anos 1980, regras sobre a qualidade da água foram impostas. Mesmo assim, o então ministro federal de preservação ambiental, Klaus Töpfer, causou um escândalo em 1988, quando pulou no Reno para atravessá-lo a nado. Três anos antes, ele havia apostado que, graças às novas políticas ambientais, a água do rio melhoraria tanto que voltaria a ser própria para banho. A revista alemã de notícias semanal *Der Spiegel* relatou de forma mordaz que os olhos do ministro estavam vermelhos quando ele saiu da água marrom. Pelo visto, o rio não estava tão limpo quanto ele esperava.[5]

Por sorte, isso mudou desde então. Agora, enquanto escrevo esta frase, o Reno está tão limpo que praias começaram a ressurgir em suas margens. E os salmões também estão se sentindo à vontade em suas águas, apesar de ainda precisarem de ajuda – de muita ajuda, na verdade. Salmões adultos sempre voltam para os rios onde nasceram. Quando um cardume inteiro morre, outros dificilmente voltam para repovoar as águas, porque todos os peixes maduros nasceram em locais diferentes.

Para consertar esse cenário, organizações engajadas liberam centenas de milhares de jovens salmões em rios onde há condições para sua sobrevivência. No entanto, é raro encontrar rios assim, porque na maioria deles o progresso dos peixes é barrado por represas e usinas de energia. Peixes criados em cativeiros caros são transformados em sushi no instante em que começam a jornada para o mar, triturados por turbinas. Para o trajeto de volta, represas possuem escadas de peixe, em que a água se espalha de degrau em degrau – isto é, de piscina em piscina –, imitando as corredeiras que os peixes escalam.

Na reserva que administro, investimos muito dinheiro para adaptar um córrego para os salmões. O rio, que só tem 4 metros de largura, passou muito tempo fechado por uma barragem. Seu nome – Armuthsbach, ou "riacho da pobreza" – é prova das circunstâncias difíceis enfrentadas por gerações passadas. A energia da corredeira desviada era usada para facilitar o processo de moagem de grãos. Além disso, as pessoas usavam a água do rio para encher lagoas, onde criavam peixes. Com o tempo, o Armuthsbach secou.

Os salmões são apenas um exemplo de muitas espécies aquáticas, como lagostins e crustáceos menores de água doce, que perdem a capacidade de se locomover quando represas entram em seu caminho. Se os peixes e outras criaturas aquáticas só conseguirem seguir rio abaixo, e não rio acima, mais cedo ou mais tarde não restarão grandes formas de vida na água acima de represas. Aos poucos, elas estão sendo removidas para que os peixes consigam voltar aos seus locais de reprodução. Essa é uma conquista importante, que nos dá motivo para ter esperança. De fato, os salmões adultos são constantemente vistos retornando aos locais onde foram soltos, para se reproduzirem após seus anos passados no mar. Finalmente, após uma longa ausência, teremos as primeiras gerações de salmões selvagens de verdade, nascidos em rios para os quais conseguem voltar.

Os salmões estão voltando, mas, infelizmente, o mesmo não pode ser dito sobre os ursos. Eles decerto seriam um problema nos grandes centros urbanos ao longo do Reno, mas não em áreas rurais. No entanto, outros animais podem distribuir os peixes pelo território. E pássaros que comem peixes, como os cormorões? Os cormorões quase foram extintos, mas estão retornando para os rios da Europa Central devido às leis rígidas de proteção. Eu os vejo com regularidade pelo Reno e pelo Ahr desde a década de 1990. (O Ahr é um pequeno afluente do Reno que nasce perto do vilarejo de Hümmel, onde moro, e o Armuthsbach é um dos canais que desembocam nele.)

Os cormorões são mergulhadores habilidosos e caçadores subaquáticos excelentes. Depois de encherem a pança, tiram sonecas satisfatórias no topo das árvores nas margens dos rios. Enquanto dormem, defecam de vez em quando, e o valioso nitrogênio sai nas suas fezes. É claro que a qualidade dos excrementos depende da quantidade de pássaros, e as árvores podem sofrer se muitos se empoleirarem nelas ao mesmo tempo. Foi isso que aconteceu no Saarschleife, uma curva fechada no rio Sarre, onde as pessoas cultivaram uma floresta na margem do rio, semelhante às norte-americanas, plantando douglásias. (Douglásias são naturais da costa norte-americana do Pacífico.) Uma colônia de cormorões habita a área e a abundância de excrementos que eles produzem é tão cáustica que partes da copa da floresta estão morrendo, para o desalento dos proprietários da região.

Porém, esse não é o principal motivo para a impopularidade desses pássaros. Os poucos salmões que lutam para subir a correnteza – resultado dos caros projetos de reintrodução – com frequência são pescados pelos cormorões antes de alcançarem suas áreas de reprodução. Então o que acontece? Um ciclo natural de nutrientes se inicia, mas, como de praxe, bate de frente com os interesses dos moradores locais. Eu entendo que ninguém queira ficar de braços cruzados observando os cormorões destruírem o trabalho dos ambientalistas, mas isso justifica o uso de armas?

Foi exatamente isso que as pessoas fizeram no já mencionado Ahr, incentivadas por membros do sindicato de pesca local, a organização que lutou tanto em nome dos salmões. Seria esse um caso de preservação ambiental indo contra a natureza? Em seu site, o sindicato (uma olhada rápida no regulamento indica que a afiliação é restrita a pescadores e proprietários ou locatários de zonas de pesca) menciona que a caça aos pássaros, apesar de proibida pelas leis da União Europeia, é permitida graças a uma exceção criada para proteger a indústria pesqueira de perdas monetárias.[6] É uma pena que essa postura sobre os cormorões comprometa o trabalho da organização, cujos esforços para ajudar os salmões são realmente admiráveis.

Será que as florestas que crescem próximas a áreas desenvolvidas (e isso inclui praticamente todas na Europa Central) precisam mesmo de fertilização natural com nitrogênio? Nas últimas décadas, as árvores ganharam novas fontes de nitrogênio (nada naturais). E temos uma abundância delas. Em contraste com o ar limpo do norte dos Estados Unidos e do Canadá, o ar da Europa Central é basicamente uma nuvem turva. Talvez não no sentido visual, mas em termos de poluentes. Ou, melhor dizendo, em termos de "nutrientes". Os gases produzidos por veículos e pelo estrume da agricultura oferecem mais do que o necessário para as plantas. Voltaremos a esse assunto daqui a pouco.

O nitrogênio é abundante no ar. Você está inalando e exalando grandes quantidades dele enquanto lê estas linhas. O oxigênio, tão vital para nós, constitui apenas 21% do que respiramos. Em contrapartida, o nitrogênio corresponde a 78%. A rigor, três quartos de tudo que inspiramos é inútil, se pudéssemos separar os gases de que não precisamos. Isso não significa que o nitrogênio seja insignificante para nós. Pelo contrário, nosso corpo carrega cerca de 2 quilos dele, processado em proteínas, aminoácidos e outras substâncias.[7]

Praticamente o mesmo vale para as plantas. Assim como nós, elas não precisam de nitrogênio para respirar. Na verdade, interessam a elas os compostos especiais que o transportam. Esses compostos são reativos e podem ser quebrados e convertidos em proteínas ou inseridos no material genético das plantas. Infelizmente, eles tendem a ser raros no mundo natural. Se uma árvore não der a sorte de crescer ao lado de um rio com salmões, ela terá problemas. Fezes deixadas por animais ou talvez uma carcaça inteira apodrecendo próximo às suas raízes são motivos para comemoração.

Relâmpagos também exercem seu papel, usando sua energia para misturar nitrogênio atmosférico e oxigênio, criando compostos que as plantas conseguem quebrar e absorver. Algumas árvores e plantas desenvolveram a capacidade de transformar nitrogênio atmosférico em compostos acessíveis com a ajuda das bactérias que vivem em nódulos especiais das suas raízes. Amieiros, por exemplo, utilizam esse método para produzir o próprio fertilizante. No entanto, a maioria das espécies é incapaz de fazer isso e conta com os dejetos de animais para suprir sua necessidade de nitrogênio.

No geral, a natureza parece encarar esses valiosos compostos de nitrogênio como presentes raros. Então nós entramos em cena. Nossos modernos motores de combustão interna em veículos ou sistemas de aquecimento cumprem a mesma função dos relâmpagos. Como subproduto da queima de combustíveis fósseis, misturam nitrogênio atmosférico com oxigênio para criar compostos que são carregados pelo vento por longas distâncias, atravessando o planeta e voltando para o solo com a chuva. Então há a agricultura, que por meio do uso de fertilizantes sintéticos com nitrogênio força o solo a ser o mais produtivo possível. A quantidade de compostos de nitrogênio liberados pela atividade humana é enorme. A cada ano, no mundo todo, cerca de 220 milhões de toneladas chegam ao solo com a chuva – cerca de 27 quilos por pessoa no planeta e aproximadamente 100 quilos por pessoa em países industrializados.[8]

Você acha isso pouco? Vamos voltar aos salmões e seus benefícios para as árvores. Um salmão-cão macho (também conhecido como salmão-keta) contém, em média, 130 gramas de nitrogênio.[9] Se os europeus calculassem suas emissões de nitrogênio em termos de salmões, isso daria cerca de 750 peixes por pessoa, por ano. Com 230 habitantes por quilômetro quadrado – a densidade populacional da Alemanha –, o total seria equivalente a 172,5 mil salmões por quilômetro quadrado; é fácil entender como uma quantidade tão absurda de peixes sobrecarregaria completamente o ciclo natural. Fumaça de canos de exaustão e o uso de esterco e fertilizantes líquidos têm o mesmo peso, mas não pensamos nessas coisas no dia a dia. O que os olhos não veem, o coração não sente. Só nos preocupamos com isso quando altos níveis de compostos de nitrogênio são detectados na água potável.

As árvores, no entanto, percebem essas emissões há muito tempo, assim como os engenheiros florestais. Faz décadas que mudas crescem mais e em um ritmo muito acelerado. Isso significa que as florestas estão rendendo mais madeira e que as estimativas de produção precisam de novos padrões. Os inventários florestais dos engenheiros – cálculos que indicam a rapidez e a idade em que espécies diferentes de árvores crescem – já receberam acréscimos de 30%.

Isso é um bom sinal? Não, não é. As árvores não crescem rápido por conta própria. Em florestas ancestrais intocadas, as mudas precisam passar seus primeiros 200 anos esperando pacientemente sob a sombra das mais velhas. Elas desenvolvem madeira muito densa enquanto lutam para crescer alguns metros. Nas florestas modernas, administradas pelo ser humano, os brotos crescem sem qualquer sombra maternal que diminua seu ritmo. Sofrem um estirão e formam anéis de crescimento amplos, mesmo sem o estímulo dos nutrientes do nitrogênio. Consequentemente, as células da madeira se tornam muito maiores do que o normal e contêm mais ar, tornando-se vulneráveis a fungos – afinal de contas, os fungos também gostam de respirar. Árvores que crescem rápido apodrecem rápido e, portanto, não têm a oportunidade de envelhecer. Agora, com o excesso de nutrientes no ar, esse processo se acelera intensamente. As árvores são como atletas de alto rendimento que já estão cheios de esteroides e então tomam uma dose extra por garantia.

Por sorte, a alta carga de nitrogênio no meio ambiente não precisa ser um problema de longo prazo – só precisamos encontrar uma forma de acabar com nossas emissões. Exércitos de bactérias no solo se energizam através dos compostos de nitrogênio – antes preciosos e que agora são tão abundantes que chegam a ser perigosos –, dividindo-os em seus componentes originais.

Durante esse processo, a forma gasosa do nitrogênio escapa do solo e volta para seu lar original – a atmosfera; a outra parte é levada, pela chuva, até o lençol freático, acabando com a sede pelo elemento mais importante para nossa sobrevivência. Não há dúvida de que as coisas podem retornar ao que eram assim que pararmos de interferir tanto no ecossistema. E então, um dia, salmões e ursos voltarão ao comando.

Enquanto essa dupla só influencia margens de córregos e rios, há outra força da natureza que se destaca em todos os lugares. Ela molda montanhas, forma vales e pântanos e, sobretudo, é um sistema de redistribuição poderosíssimo: essa força é a água.

3. As criaturas no seu café

A água não só envia nutrientes para a floresta através de peixes migratórios, como também, de forma ainda mais importante, remove de lá quantidades enormes de nutrientes – graças às suas propriedades inatas e à lei da gravidade. A água flui montanha abaixo. Todo mundo sabe disso. Mas esse processo é mais complicado do que parece. A sobrevivência de ecossistemas inteiros depende dele.

Vamos começar pelo passado. Toda vida neste planeta precisa de nutrientes, como minerais e compostos com fósforo e nitrogênio. Nutrientes ditam o vigor do crescimento da planta, e todos os animais dependem de plantas para se alimentar. E não estou mais falando dos salmões, mas de nós. Os ancestrais da população atual da Europa Central fizeram parte de um grande experimento que mostrou nossa conexão com esses ciclos de vida. Primeiro, eles derrubaram florestas para ganhar espaço e conseguir materiais de construção para as cidades. Então cultivaram plantações nos terrenos que limparam.

No começo, o sistema deu certo, graças às muitas dezenas de milhares de toneladas de dióxido de carbono armazenadas na forma de húmus a cada quilômetro quadrado de solo. Esse material marrom fofo agora começava a se decompor devagar. Sem a sombra refrescante das árvores, o solo aqueceu, e bactérias e fungos se tornaram ativos mesmo muito abaixo da superfície da terra. Na orgia de consumo que se seguiu, não apenas o dióxido de carbono foi liberado na atmosfera, como também os nutrientes antes presos ao solo. O excesso de fertilização resultante foi bem recebido na época. Safras fartas garantiam que as pessoas não passassem fome, mesmo quando outros recursos eram escassos, e elas se perpetuaram por alguns anos dourados, até a fertilidade do solo começar a diminuir aos poucos. Como não havia fertilizantes sintéticos na época e o número irrisório de rebanhos produzia apenas parcas quantidades de estrume, os níveis de nutrientes nos campos foram caindo.

No entanto, o solo ainda tinha nutrientes para que a grama crescesse. E, assim, campos antes usados para cultivar plantações passaram a ser dedicados à pastagem de animais. É claro que, mesmo nesse cenário, os nutrientes continuavam sendo removidos da terra, porque os rebanhos não permaneciam ali: eram levados para serem abatidos e consumidos. O solo, portanto, continuou perdendo vitalidade. Urzes e zimbros – plantas que ovelhas e cabras não comem – tomaram mais e mais espaço. Com o tempo, só restaram campos arruinados que não serviam para o cultivo de alimentos. Hoje, essas paisagens parecem românticas: em um dia de verão, não há nada melhor do que um prado coberto de zimbros ou do que uma vastidão de urzes salpicadas com ovelhas. Para nossos ancestrais, no entanto, a visão dessas plantas dando frutos ou florescendo era sinal de escassez.

Após a invenção dos fertilizantes sintéticos, grandes charnecas foram recuperadas para a produção agrícola, porque os fazendeiros agora conseguiam espalhar todos os nutrientes que queriam. As poucas áreas pequenas que permaneceram como uma lembrança da antiga administração agrária incompetente são preservadas e mantidas até hoje, mas isso é outra história. Nossos ancestrais participaram de um grande experimento de aceleração do tempo. Eles agilizaram a emissão natural de nutrientes e, sem querer, mostraram o que acontece quando não existe uma forma de reabastecê-los.

Não quero voltar para a época antes do uso de fertilizantes, porque isso significaria participarmos desses ciclos novamente, e meu pai sempre deixou claro quais seriam as consequências disso. Nos anos logo após a guerra, a família dele cultivava uma horta que era uma fonte importante de comida. Tornara-se difícil encontrar estrume, então eles espalhavam o conteúdo da fossa séptica da casa sobre os canteiros. Esse fertilizante caseiro depois voltava, processado nas folhas de salada e nos pepinos servidos no jantar, enriquecidos com um presente acidental da natureza: parasitas intestinais. Os vermes seguiam um ciclo junto com os nutrientes, indo da privada para a horta e retornando para a mesa. Mas nem essa reciclagem desagradável impedia o eventual término desse ciclo de nutrientes.

E isso nos leva outra vez à água, que é um solvente capaz de dissolver todas as substâncias importantes que as raízes das plantas gostam de absorver. Isso significa que, apesar de as plantas retirarem muitos nutrientes da terra, eles voltam quando elas morrem, sendo quebrados por bactérias e fungos. Pelo menos, essa é a explicação simples.

Em uma situação normal, a umidade infiltra o subsolo até alcançar a água subterrânea. E, na descida, carrega todas as substâncias vitais que árvores, plantas, etc. adorariam guardar apenas para si. (É por isso, inclusive, que a água potável precisa de cada vez mais cloro – o adubo líquido espalhado pelos campos e pastos em quantidades inacreditáveis também chega aos aquíferos muitas camadas abaixo do nível do mar, junto com uma porção generosa de bactérias, e, assim, no nosso insumo mais importante.) Esse movimento vertical natural é de suma importância para o ecossistema abaixo de nossos pés. Várias criaturas subterrâneas dependem dos restos de comida das formas de vida na superfície.

Antes de focarmos nesses seres, no entanto, quero falar sobre a força destruidora da água. Nem toda chuva se infiltra suavemente no solo poroso da floresta para reabastecer lençóis freáticos. Durante tempestades fortes, os poros do solo se enchem e os canais verticais naturais da terra transbordam. Quando o chão fica saturado pela chuva, o escoamento amarronzado flui para o canal mais próximo, levando com ele boa parte da matéria orgânica. É possível notar isso ao caminhar na chuva. Quando os córregos em pastos e campos se tornam turvos, eles estão carregando solo – solo valioso, que levará muito tempo para se repor. Mais cedo ou mais tarde, conforme ele vai sendo levado, a terra se desgasta.

Ao menos era isso que deveria acontecer, mas, por sorte, a natureza interferiu para interromper o processo de erosão. A principal defesa da natureza é a floresta. As árvores reduzem a velocidade do aguaceiro, interceptando boa parte da chuva com suas copas. A umidade retida pinga lentamente no solo depois que o tempo melhora. E é por isso que na Alemanha costuma-se dizer que sempre chove duas vezes na floresta. Essas interceptadoras frondosas garantem que até uma tempestade se espalhe por uma área grande e se infiltre devagar, para o solo conseguir absorver quase toda a umidade em um tempo adequado. O musgo macio nos troncos e em tocos antigos também ajuda, absorvendo o excedente. Essas almofadas verdes são capazes de armazenar várias vezes o seu peso em água, que gradualmente é liberada de volta para a floresta ao redor. E como há pouquíssima erosão quando a chuva é absorvida dessa maneira, a camada do solo de florestas ancestrais costuma ser muito porosa e profunda. Ela age como uma esponja enorme, que absorve e armazena grandes quantidades de água. Assim, matas virgens criam e protegem os próprios reservatórios.

Sem as árvores, a situação muda completamente de figura. Apesar de campos gramados conseguirem reduzir o impacto de chuvas pesadas até certo ponto, os arados não têm qualquer proteção. A fina estrutura granular do solo é destruída, e os poros se enchem de lama. Muitos cultivos, como os de milho, batata e nabo, cobrem o solo por apenas poucos meses, o que significa que os campos passam o restante do ano completamente desprotegidos das intempéries – uma situação que a natureza não previu nessas latitudes. Quando um pé-d'água ataca o solo, pouquíssimo líquido se infiltra. Em vez disso, uma enchente corre pela superfície.

O termo "enchente" não é exagero nesse caso. Uma nuvem de chuva pesada pode despejar até 30 mil metros cúbicos de água por quilômetro quadrado em poucos minutos. Se as coisas não acontecem de um jeito tranquilo – isto é, se o ritmo da chuva não é reduzido pelas folhas para que a água seja absorvida vagarosamente pelos poros abertos do solo –, enxurradas raivosas logo se formam e entalham sulcos profundos nos campos lamacentos. Quanto mais funda for a ranhura, mais rápido a água corre e mais solo é levado. Um desnível de apenas 2%, que é quase imperceptível para nós, basta para o solo ser perdido – e as perdas são drásticas.

Você já se perguntou por que descobertas arqueológicas são encontradas em escavações? Elas não deveriam estar na superfície, cobertas por grama ou vegetação rasteira? E por que as montanhas param de crescer? Elas são criadas quando placas tectônicas colidem e se impulsionam para cima no ponto do impacto – um processo que permanece inalterado até hoje.

As montanhas não crescem pelo mesmo motivo que moedas romanas costumam ser encontradas enterradas bem no fundo do solo: a erosão. A terra é mais alta do que o mar (outro fato ridiculamente óbvio) e as nuvens de chuva formadas sobre o oceano oferecem uma fonte de água constante para as áreas terrestres. A água flui de forma descendente e, mais cedo ou mais tarde, acaba voltando ao lugar de origem. Ela carrega partículas pelo caminho, discretamente raspando o solo das montanhas. Quanto mais íngreme o terreno, mais rapidamente a água o percorre e maior é a abrasão. Nossas paisagens, no entanto, não são formadas por chuvas normais, uniformes nem por córregos que fluem pacificamente, mas por eventos climáticos extremos e raros. São as tempestades que duram semanas, transformando córregos em rios raivosos, que afetam as montanhas de forma significativa. As enchentes resultantes são capazes de mover até pedras grandes, levando tanto solo embora que a água turva ganha um tom de marrom-claro.

Depois que as coisas voltam a se acalmar, dá para ver os novos contornos dos rios nos pontos em que a água atravessou as margens com mais força. Conforme o rio retoma seu curso normal, o recuo da enchente deposita uma fina camada de lama sobre o restante do vale. A lama é uma mistura de água e terra, sendo a terra formada por restos de pedra: pedacinhos da montanha que foram carregados até o vale. Os vales são fertilizados por essa água rica em sedimentos – o Nilo é um ótimo exemplo disso. A civilização do antigo Egito só se tornou tão evoluída porque as margens férteis do rio permitiram que fazendeiros produzissem comida em excesso, e muita comida na mesa significa mais tempo livre para investir em outras atividades.

Voltemos à floresta. Esse é um exemplo clássico de desvestir um santo para cobrir outro, mas, neste caso, os dois santos são árvores. Apesar de gostarem de solos ricos em nutrientes e profundos, muitas árvores crescem bem alto nas montanhas. Porém, quanto maior a elevação, mais íngremes se tornam os declives e, portanto, mais severa é a erosão do solo. E é por isso que as árvores que crescem próximas do topo não ficam tão altas quanto as que vivem mais para baixo. Elas lutam muito para se fortalecer diante das forças da natureza e, com o tempo, cada migalha de solo à qual conseguem se segurar faz diferença. Apenas um milímetro de erosão causa a perda de cerca de mil toneladas de solo por quilômetro quadrado. A cada ano, os solos aráveis da Europa Central perdem 200 toneladas por quilômetro quadrado; isso corresponde a 2 centímetros a cada 100 anos.

Em casos extremos, no entanto, até 50 centímetros de solo podem desaparecer nesse tempo, e eu vejo, na reserva que administro, as consequências a longo prazo para as árvores. Aqui, temos uma pequena colina com uma floresta ancestral de faias em um dos declives. Apesar de o terreno ser íngreme, há pelo menos 2 metros de solo rico nesse lado da colina. Sei a profundidade exata porque é ali que, para evitar que um arvoredo centenário fosse derrubado, criamos um cemitério na reserva – nossa Floresta Final. Para criar o cemitério, foi necessário determinar a capacidade de interação do solo, como decretado por critérios legais. Em termos mais compreensíveis: seria possível enterrar urnas aqui em uma profundidade de 80 centímetros? Contratamos um geólogo para descobrir e, para nosso choque, ele encontrou essa camada grossa de solo. Nas suas palavras, "a floresta deve estar aqui há muito tempo" – provavelmente desde a chegada das faias, cerca de 4 mil anos atrás.

Do outro lado da colina, por sua vez, encontramos pedras expostas. O solo antes grosso desapareceu, deixando apenas uma camada fina, com poucos centímetros de espessura. Nitidamente, esse espaço era usado para fazendas pastoris na Idade Média, e apesar de campos gramados terem um desempenho melhor em termos de erosão do que campos de cultivo, os resultados foram desastrosos. Ao longo dos séculos, poucas frações de centímetro de erosão se transformaram em metros de solo perdido e levado para o vizinho Armuthsbach.

Agora nós entendíamos as origens do nome do rio, algo como "riacho da pobreza" em alemão. Sem solo ou húmus, a fertilidade da terra foi drasticamente reduzida, causando a fome. De fato, em 1870, as pessoas ainda morriam de subnutrição e vagões vinham de Colônia para trazer comida para os pobres habitantes locais. Esses trens costumavam ser atacados por criminosos; era uma versão alemã do Velho Oeste. E isso tudo aconteceu porque as florestas foram devastadas, causando uma erosão quase imperceptível, porém implacável, do solo.

O processo pode ser revertido? Pode. Essa é uma boa notícia, mesmo o dano se repetindo tantas vezes desde então. Vamos partir do princípio de que o terreno deteriorado seja reflorestado um dia e que a erosão pare: as camadas do solo se reconstruirão outra vez. Assim que a taxa de erosão se tornar menor do que a do desenvolvimento do novo solo, a quantidade de ouro marrom vai aumentar. A fonte desse novo solo são as pedras, que são constante e lentamente deterioradas em pedacinhos.

Nas condições da Europa Central, uma média de 300 a mil toneladas de pedras são transformadas em solo por quilômetro quadrado por ano. Isso significa um aumento de 0,3 a 1 milímetro na profundidade do solo, o que resulta em pelo menos 5 centímetros por século. Seriam necessários cerca de 10 mil anos para o declive pedregoso na colina próxima ao Armuthsbach, na reserva que administro, voltar à sua condição de antes de as árvores serem derrubadas e a terra ser usada para agricultura – o mesmo intervalo de tempo da última era do gelo até hoje.

Você achou muito? Bom, a natureza tem tempo, como comprova o crescimento das árvores. O abeto mais antigo do mundo, no condado sueco de Dalarna, tem quase 10 mil anos. Pensando sob essa perspectiva, seria necessário apenas uma geração em termos de árvores para tudo voltar ao normal.

Em nossa busca por ecossistemas e suas interconexões, já demos uma boa olhada no solo. Mas espere um pouco. Não é bem assim. Nós demos uma olhada no que acontece acima da terra, mas e embaixo? Afinal de contas, o mundo é um lugar tridimensional, e, sim, há outros amplos ambientes nas camadas abaixo de nossos pés. E não estou falando sobre os 2 metros de solo arável que acabei de descrever. Agora quero ir mais fundo. Bactérias, vírus e fungos já foram encontrados em profundidades de até 3 quilômetros, e se você descer por 40 metros consegue encontrar milhões dessas formas de vida por metro cúbico de matéria. Nessas profundidades sem luz, o oxigênio deixa de ter um papel na respiração e, em muitos casos, a alimentação consiste em materiais que gostamos de usar na indústria e no transporte: petróleo, gás e carvão.

A vida nesses ecossistemas escondidos foi pouco estudada, e só conhecemos uma fração minúscula das espécies que vivem lá. De acordo com as primeiras estimativas, as camadas de pedra podem abrigar até 10% da biomassa viva total da Terra e, por estarem em um local tão fundo e pouco acessível, podemos presumir que, com a exceção de algumas minas de carvão e de extração de rochas, essas camadas foram poupadas de grandes impactos causados pela ação humana.

Tais profundezas escondem outro sistema de distribuição no qual os humanos começaram a interferir: a água subterrânea. Esse é um habitat muito especial. Nenhum raio de sol o alcança, assim como o frio. Dependendo da profundidade, a temperatura é agradável ou é extremamente quente, e não há muito o que comer. Em tempos de mudanças climáticas, esses ecossistemas oferecem uma vantagem óbvia - nada muda lá embaixo.

Apesar da falta de comida, há intensa atividade acontecendo abaixo dos nossos pés. Certo, talvez nem tão intensa assim, já que - pelo menos em algumas camadas perto da superfície, em que a temperatura pode cair a menos de 10ºC - não faz muito calor por ali. Temperaturas baixas e pouco alimento implicam redução de ritmo dos animais. Ao chegarmos entre 30 e 40 metros abaixo da superfície, a temperatura aumenta para 11ºC a 12ºC, subindo 3ºC a cada 100 metros, mais ou menos, conforme a descida continua. No entanto, seria um engano acreditar que a vida acelera nos locais mais quentes.

No topo da lista das criaturas mais lentas do mundo está uma das formas de vida que mais gostam de se reproduzir: bactérias. Enquanto muitos membros desse grupo se reproduzem em um ritmo impressionante (no nosso intestino, por exemplo, algumas espécies de bactéria dobram de quantidade a cada 20 minutos), parece que os habitantes das camadas a pelo menos 800 metros no subsolo são imunes às pressões do tempo. Como divulgado na versão virtual da revista *Der Spiegel* após o encontro do outono de 2013 da União Americana de Geofísica, algumas espécies levam 500 anos para se duplicar.[1] Sob essas condições, a comida não estraga e não há surtos de doenças bacterianas, porque os hospedeiros - nós - morreriam muito antes de as criaturas diminutas conseguirem começar seu trabalho. O ritmo lento da vida ocorre por causa das condições inóspitas: em tamanha profundidade, é esperado encontrar um ambiente com alta pressão e muito quente. Os recordistas atuais entre essas criaturas minúsculas sobrevivem a 120ºC e continuam se reproduzindo - no próprio ritmo, é claro.

No reino das profundezas, à primeira vista, pouco parece mudar ao longo dos séculos, mas a verdade é que tudo ali embaixo segue um fluxo. Após chuvas pesadas, a água vem da superfície – pelo menos é isso que acontece nas latitudes da Europa Central, onde, todos os anos, há mais água doce caindo do céu do que evaporando de volta para o ar. Se chovesse menos, a Europa Central se transformaria em um deserto, e algumas regiões perderiam o equilíbrio com facilidade. Quando olhamos para os números, isso fica bem claro. Na Alemanha, em média 481 litros de água evaporam por ano – por metro quadrado![2] Quase não chove mais em algumas partes do estado de Brandemburgo, o que significa que a água subterrânea local não é reabastecida. Conforme as mudanças climáticas se perpetuam, o ritmo da evaporação continua a aumentar, então é provável que o reino subterrâneo logo perca essa fonte. Portanto, ele precisa ser reabastecido, porque a perda da umidade é constante, mesmo que baixa.

Nascentes de água doce são as "feridas" abertas da água subterrânea. Aquilo que encaramos como maravilhas da natureza felizes e borbulhantes é uma grande catástrofe para os habitantes das profundezas. A água que é forçada até a superfície, passando por camadas de pedra, tem a falta de educação de levar crustáceos e minhocas para a luz do dia, onde esses seres morrem por causa da mudança repentina de ambiente. O inverno é um momento especialmente bom para identificar esses afloramentos de água subterrânea, porque eles não congelam. (A água subterrânea mantém uma temperatura de cerca de 10ºC, que diminui apenas no contato com o ar fresco e com arredores congelados.) Então, se estiver fazendo um frio de matar e você encontrar uma corrente de água fluindo tranquilamente, sem gelo, pode ter certeza de que ela vem do subsolo.

Voltemos à diversidade de espécies. De acordo com pesquisas

recentes, a água subterrânea abriga uma variedade surpreendente de crustáceos e outras criaturas minúsculas, que nadam cegos por correntes escuras e, de vez em quando, podem chegar à água que você usa para preparar seu café matinal. A água bombeada para dentro da maioria das estações de tratamento vem de reservatórios muito profundos, invadindo habitats que antes eram hermeticamente selados.

Seres minúsculos nadam pelo nosso café mesmo com os filtros complexos das estações de tratamento de água? Sim. Apesar de todos os esforços para acabar com elas, criaturinhas chatas como isópodes aquáticos (que podem alcançar até 2 centímetros de comprimento) com frequência passam alegremente pelos canos de água de todos esses sistemas de purificação. Afinal de contas, o encanamento de um porão é quase uma extensão do sistema de água subterrânea – escuro, limpo e com uma temperatura amena.

Dá para notar essa associação no instante em que se abre a torneira de água fria: o líquido que sai apresenta a mesma temperatura da água subterrânea. Quando o fluxo é acionado, alguns desses malandrinhos não conseguem se segurar e são levados pela corrente – e acabam parando no seu estômago, junto com o café. Porém, os isópodes aquáticos não são as únicas criaturas na rede de abastecimento; há outras ainda menores. Bactérias, por exemplo, formam uma camada grossa que reveste o interior dos canos de metal. E há resquícios delas em todos os goles que damos.

Por mais que você olhe de perto, será difícil enxergar a maioria desses visitantes indesejados (com exceção dos gigantes, como os isópodes) sem o auxílio de um microscópio. Na ausência de luz, a visão e as cores não fazem diferença, e é por isso que os habitantes da água subterrânea costumam ser cegos e transparentes. A falta de iluminação, no entanto, causa outro problema. Sem o sol, não há fotossíntese e não há produção de comida pelas plantas. A multidão de habitantes subterrâneos deste planeta depende das doações de biomassa das plantas e dos animais acima do solo, que se decompõem em húmus e afundam lentamente junto com a água da chuva que se infiltra na terra.

Na descida, os nutrientes são metabolizados várias vezes, porque há uma cadeia alimentar inteira lá embaixo, assim como na superfície. As bactérias representam a maioria dos habitantes; elas estabelecem colônias em todos os cantos e formam camadas, assim como no encanamento do porão. Essa vastidão de bactérias chama a atenção de pequenos predadores, como flagelados e cilióforos. Ainda bem que esses baixinhos famintos existem, porque, caso contrário, os poros de rochas plutônicas abaixo da superfície se entupiriam com o tempo. Porém, até esses seres minúsculos encontram competição: os heliozoas, também conhecidos como helizoários. Eles são um pouco maiores e gostam bastante de comer seus colegas.[3] Como é possível perceber, existe um ecossistema subterrâneo inteiro que conhecemos pouco, a não ser pelos locais de onde bombeamos nosso elixir da vida – a água – para matar a sede.

Falando nisso, nós nos distraímos enquanto tomávamos nosso café matinal e contemplávamos os passageiros clandestinos na nossa caneca. Se você ficou com nojo só de pensar em bactérias nas bebidas, talvez a próxima informação ofereça alguma paz de espírito: você é a nave-mãe dessas criaturinhas. Além dos 30 bilhões de células que formam o corpo humano, também hospedamos mais ou menos o mesmo número de bactérias, a maioria delas no intestino.[4] Milhares de tipos diferentes de bactérias flutuam dentro de você e, na maioria dos casos, elas são fundamentais para a sobrevivência – por exemplo, ajudando no combate de doenças ou a destrinchar alimentos difíceis de digerir. Realmente faz diferença que alguns desses seres inofensivos entrem em você através da água potável? De toda forma, eles não sobrevivem por muito tempo no sistema digestivo.

As florestas são tão importantes para a água subterrânea que grandes companhias de água na Alemanha chegam a pagar taxas extras para os proprietários dos terrenos pelo cumprimento de práticas sustentáveis – algo que parece absurdo. Em primeiro lugar, as árvores são grandes consumidoras de água. Por exemplo, em um dia quente de verão, uma faia adulta pode absorver até 500 litros de água do solo. O líquido é usado para diferentes propósitos, porém boa parte acaba evaporando de seu estômato (as aberturas minúsculas na parte de baixo das folhas). A grama necessita de bem menos água.

Contudo, as árvores, especialmente as caducifólias nativas da Europa Central, têm a vantagem de também coletarem água, ao contrário da grama. Seus galhos voltados para cima acumulam a chuva fria e direcionam a água pelo tronco, até chegar às raízes. Certa vez, fiquei parado embaixo de uma faia centenária durante uma tempestade (não tente fazer isso em casa!) e observei essa coleta de água com meus próprios olhos. Era tanto líquido escorrendo pelo tronco que ele espumava em volta da base da árvore como se fosse um chope recém-servido.

Quando a água chega ao chão, ela infiltra o solo solto, que absorve tudo feito uma esponja. Até tempestades são absorvidas e lentamente entram nas camadas do solo. As árvores usam essa água na ausência de chuva – para elas, o solo ao redor de suas raízes funciona como um reservatório acessível para saciar sua sede –, mas uma parte desce até se tornar inacessível para as raízes, que não vão tão fundo assim. E nessas profundezas, a umidade se torna parte do fluxo de água subterrânea.

No lugar onde moro, a água subterrânea só é reabastecida no inverno, quando o mundo das plantas hiberna. Faias e carvalhos tiram férias, e a água consegue fugir das raízes por um tempo, escapando para o fundo da terra. No verão, em contrapartida, as árvores nunca saciam a própria sede, não importa quanto chova. Elas são gulosas e sugam toda a umidade do solo, acumulando-a em seus troncos.

Nesses tempos de mudança climática, fico pensando na maneira como as árvores armazenam água. O calor fica diferente dos parâmetros esperados. A água evapora mais rápido, o que significa que o solo seca mais rápido, mesmo sem a atividade das plantas. Além disso, assim como nós, as árvores bebem mais água no calor. E temporadas de crescimento prolongadas encurtam as férias das árvores e a hibernação da floresta, reduzindo também o tempo de reabastecimento dos suprimentos do solo. Porém, apesar dessas questões, as florestas ainda serão capazes de criar água subterrânea nova suficiente no futuro – contanto que o desmatamento provocado pelo ser humano não se torne ainda mais excessivo.

Campos gramados e cultivados para agricultura, por outro lado, têm uma capacidade menor de absorver chuva. Animais de pasto, selvagens ou domésticos, comprimem a superfície da terra. Porém, em tempos modernos, o maquinário agrícola é o grande responsável pela compactação, que atinge níveis muito mais profundos do que o alcançado apenas por cascos ou pela movimentação dos animais. O solo absorvente feito uma esponja é prensado e, ao contrário da esponja na pia da sua cozinha, jamais recupera sua estrutura original. Chuvas pesadas não são mais captadas; a água corre morro abaixo em córregos que fluem rápido até o canal mais próximo (seguindo para o rio mais próximo, que leva a água doce para o mar). Assim, o lençol freático local perde essa água, processo que acelera a erosão.

O ar esquenta mais rápido sobre pastos e campos do que sobre florestas, o que significa que o chão seca mais rápido e que a umidade escapa para o ar e é levada embora, intensificando os efeitos da dessecação.

No entanto, o que mais ameaça a água subterrânea não é a mudança climática, mas a extração de matérias-primas, especialmente através de fraturamento hidráulico. Essa técnica envolve bombear água bem fundo no solo, sob altas pressões, para quebrar rochas. Grãos de areia e elementos químicos misturados na água mantêm as rachaduras abertas, permitindo que o gás e o petróleo contidos nas pedras subam para a superfície. O ecossistema subterrâneo não tem preparo para lidar com invasões tão agressivas. Afinal, estamos falando de um ambiente em que mudanças praticamente não ocorrem ou seguem um ritmo muito lento. Só podemos torcer para que esse método de mineração seja pouco usado.

Além de evitar o fraturamento hidráulico, as florestas são nossa melhor opção para proteger a água subterrânea. As árvores são as protetoras secretas de crustáceos minúsculos em camadas mais de 100 metros abaixo de suas raízes. No entanto, outros animais – cervos, por exemplo – têm um relacionamento mais complicado com faias e carvalhos. Podemos dizer que essa relação é desagradável para os cervos, e, no fim das contas, as árvores também não gostam muito deles.

4. Por que as árvores não gostam de cervos

Os cervos têm uma relação de amor e ódio com as árvores. Eles não gostam muito de florestas, mas os encaramos como habitantes delas porque é lá que costumamos encontrá-los. Assim como todos os grandes animais herbívoros, os cervos enfrentam um problema: só conseguem comer a vegetação que alcançam. E, no geral, a vegetação que alcançam se protege contra ataques vegetarianos. O arsenal de armas de defesa vegetais inclui espinhos e farpas, toxinas ou troncos grossos e duros, mas as árvores das florestas da Europa Central não desenvolveram esses recursos.

Isso significa que suas descendentes precisam suportar todas as mordidas dos transeuntes, indefesas? Se você olhar com atenção para a floresta, verá as faias se defenderem. O solo perto de caducifólias é estranhamente livre de vegetação. Em um ponto ou outro, talvez você encontre uma samambaia solitária ou um pouquinho de grama em uma clareira minúscula, onde uma árvore gigantesca caiu, permitindo que alguns raios de sol alcançassem o chão. Níveis fracos de luz, no entanto, não são suficientes para as plantas produzirem grandes quantidades de açúcar, o que significa que a vegetação selvagem apresenta poucos nutrientes em comparação com suas parentes nos espaços abertos. Em outras palavras, plantas rasteiras são duras e amargas.

A maior parte da floresta é ainda mais escura, porque apenas 3% da luz do sol penetra a folhagem. Para as plantas sob as árvores, é um breu. Talvez você não tenha essa impressão enquanto caminha pela mata, mas isso acontece por causa do verde da floresta. As árvores usam a clorofila das folhas para converter luz, água e dióxido de carbono em açúcar. A clorofila, no entanto, tem uma "lacuna verde" e não consegue usar esse comprimento de onda. Portanto, a luz verde é refletida, fazendo com que a floresta pareça mais clara para os visitantes humanos do que para as plantas, porque elas - ao contrário de nós - não conseguem "enxergar" essa cor. Como 97% de todos os comprimentos de onda de luz já foram absorvidos e processados pela folhagem, sob o ponto de vista das plantas verdes crescendo no chão da floresta as coisas parecem bastante sombrias.

Faias jovens fazem parte desse grupo. Os poucos raios de sol que chegam às suas folhinhas finas permitem que elas produzam quantidades tão pequenas de açúcar que seus galhos e brotos contêm pouquíssimos nutrientes. Para garantir que a próxima geração de árvores não morra de fome por suas oportunidades de fotossíntese serem tão limitadas, as mães fornecem nutrientes suficientes às mudas através de sistemas de conexão de raízes – podemos dizer que elas amamentam a prole. No entanto, plantas herbáceas e gramas não recebem esse tipo de ajuda e, dessa forma, só conseguem crescer nas minúsculas clareiras abertas quando uma velha árvore gigante cai.

Então é assim que os corços enxergam florestas supostamente idílicas: alguns trechos de grama seca, fibrosa, e plantas menores espalhadas entre as jovens faias resistentes. Mesmo que as folhas das faias fossem minimamente palatáveis, constituiriam uma dieta muito tediosa, e os cervos veem tanta graça nisso quanto nós. Imagine ter que comer sua refeição favorita todo santo dia por meses seguidos - em pouco tempo, você passaria a detestá-la. Os cervos preferem evitar comidas monótonas que não oferecem muita variedade em termos de gosto ou nutrientes, sobretudo quando precisam produzir leite para seus filhotes. Para eles, o habitat que margeia as florestas é bem mais interessante. Lá, talvez ao longo da beira de um rio, gramíneas e plantas herbáceas crescem sob a luz direta do sol em solo fértil, até ficarem cheias de energia. Infelizmente, na Europa Central arborizada, poucos habitats marginais ocorrem de forma natural, e é por isso que as matas locais sempre tiveram populações muito pequenas de corços.

O fato de esses animais preferirem regiões que sofreram interferências não surpreende. Quando um tornado de verão derruba um pequeno grupo de faias centenárias, uma ilha de luz se abre na floresta. As plantas que lutam para sobreviver nas sombras da mata, como acabei de descrever, logo ocupam a clareira. E elas têm muito a oferecer aos cervos. A luz forte do sol permite que façam uma fotossíntese completa, o que significa carboidratos deliciosos em seus brotos e folhas. Até as mudas de faias, que agora se encontram inesperadamente iluminadas, se tornam doces e gostosas. E, assim, a clareira se torna o paraíso com que as pequenas espécies de cervos na Europa Central tanto sonham.

Corços adoram alimentos com alto teor de energia; cientistas os chamam de comedores concentrados. Se nós nos alimentássemos da mesma maneira que eles, nossas refeições se resumiriam a fast-food e chocolate enriquecido com vitaminas. Mas eles não precisam se preocupar com o peso, porque, como mencionei, é raro encontrarem essas ilhas carregadas de calorias na natureza.

Pequenos herbívoros não gostam de viver perigosamente. Lobos podem encontrá-los e atacá-los com facilidade, então é melhor se esconderem. Corços não vão muito longe antes de darem meia-volta e tentarem retornar para seu local de origem. Quando fazem isso, passam por cima das próprias pegadas, confundindo seus perseguidores – que rastro devem seguir? Assim que estão seguros, eles se escondem entre bosques de pequenas árvores. E como é mais fácil enxergar manadas do que animais isoladamente, os corços vivem sozinhos. Outro motivo para essa existência solitária é a ausência de comida em florestas ancestrais intocadas. Uma manada de cervos precisaria correr muito até achar quantidades pequenas de alimento. No entanto, viagens de longas distâncias aumentam o risco de encontrar uma matilha de lobos, então a solidão se torna a melhor alternativa.

Outra consequência de precisar ter uma vida solitária é que a mãe deixa os filhotes sozinhos para buscar comida. Esse é um comportamento completamente normal nas primeiras três ou quatro semanas após o nascimento da prole – o período em que o bebê ainda não consegue acompanhar os adultos. Para os cervos novos não diminuírem seu ritmo (geralmente, a fêmea tem gêmeos), a corça os deixa deitados em meio à grama alta ou sob um arbusto. Quando um inimigo se aproxima, eles se abaixam para não serem vistos. Infelizmente, algumas pessoas interpretam esse comportamento como abandono dos filhotes indefesos e os levam para casa, onde eles morrem lentamente de fome, porque se recusam a tomar leite de mamadeiras.

A vida sem uma família grande é comum para muitos habitantes das florestas, incluindo, por exemplo, o lince. Linces rondam sozinhos seu enorme território, que pode ultrapassar 100 quilômetros quadrados, e só buscam contato rápido com um lince do sexo oposto na época do cio. Por outro lado, cervos-vermelhos, que originalmente viviam em planícies gramadas, se comportam de forma oposta. São animais sociáveis, que vivem em grupos grandes e só se aventuram sozinhos pela mata no momento de dar à luz – todas as fêmeas preferem fazer isso em paz, isoladas. Quando predadores surgem, o bando foge junto, atravessando grandes distâncias até encontrar um local com boa visibilidade em todas as direções. Os cervos-vermelhos mantiveram esse comportamento apesar de terem sido forçados pela atividade humana a se abrigar em nossas florestas modernas – pelo menos na Europa Central. Nós não queremos dividir espaços abertos com eles, porque usamos esses lugares para morar e fazer plantações.

Voltando aos corços, atualmente na Alemanha a vida é melhor do que nunca para eles, já que não restam matas ancestrais escuras. No país, as florestas hoje em dia são extremamente diferentes das do passado. Olhando de cima – talvez em uma imagem de satélite na internet –, a paisagem parece uma colcha de retalhos enorme, com pedaços faltando, e de uma perspectiva ecológica os trechos florestais são pequenos, porque nenhum espaço com menos de 200 quilômetros quadrados é grande o suficiente para manter uma matilha inteira de lobos.

Os muitos pedacinhos de floresta são uma grande vantagem para os corços, que encontram seus habitats marginais preferidos em todo canto. Enquanto no passado a queda de uma série de árvores seria um golpe de sorte para eles, agora luz suficiente alcança o solo da floresta, de forma que plantas herbáceas e gramíneas proliferam por toda mata, não apenas nas margens. Manejo florestal nada mais é do que a prática de cultivar e cortar árvores. Desmatamentos são a face mais brutal da produção madeireira, porém os herbívoros tiram proveito disso. Com a remoção das sombras, plantas herbáceas e gramíneas podem dominar tudo. Elas passam a ter não apenas espaço e luz, como ganham um monte de fertilizante. O brilho forte aquece tanto o chão que fungos e bactérias no fundo do solo se aquecem o suficiente para entrar em ação e quebrar todo o húmus em poucos anos. Tantos nutrientes são liberados que nem o aumento explosivo de populações vegetais é capaz de absorver tudo. As plantas crescem rapidamente e se tornam cheias de açúcar e outros carboidratos, transformando-se em guloseimas para os corços. Nessas áreas, eles não precisam se deslocar muito: em poucos metros quadrados, há comida suficiente para passarem o dia inteiro satisfeitos.

Sob tais circunstâncias, as populações de herbívoros aumentam demais, porque, como todas as espécies, elas convertem de imediato alimentos em prole. Em vez de um filhote, nascem dois, talvez até três, e a proporção entre os sexos passa a favorecer as fêmeas. Isso aumenta ainda mais o crescimento populacional, algo ideal sob o ponto de vista dos animais, porque significa que os corços podem assumir o controle total do habitat e comer até o último pedacinho de grama.

Tivemos aumentos notáveis nas populações de animais selvagens na Alemanha, especialmente após tempestades fortes como as de 1990 (Vivian e Wiebke) e 2007 (Kyrill), que derrubaram florestas inteiras. Brotos de árvores foram os que mais sofreram, porém plantações de pinheiros e douglásias também foram afetadas. As árvores coníferas começaram a tombar quando os ventos alcançaram 100 quilômetros por hora. Elas caíram porque seus sistemas de raízes foram danificados ainda nos viveiros florestais, para facilitar a transferência das mudas: se as raízes são curtas, as árvores não precisam ser plantadas em buracos tão fundos. O lado negativo dessa técnica é que as plantas podadas nunca desenvolvem um sistema de raízes intacto, o que significa que é quase impossível se segurarem no solo durante tempestades. Para piorar a situação, as árvores coníferas se mantêm apegadas às suas ramas e, portanto, oferecem muitas áreas para serem atingidas por tempestades de inverno. Carvalhos e faias se comportam de forma diferente, se desfazendo de suas folhas no outono e passando ilesas pela maioria dos ventos de inverno. É assim que plantações de coníferas indiretamente favorecem corços.

No passado, além dos danos causados por tempestades, o desbaste sistemático intencional de florestas também fazia parte da silvicultura comercial. A técnica devasta um grupo inteiro de árvores com a mesma idade, um procedimento muito mais barato do que derrubar árvores individualmente em desbastes seletivos. Recentemente, no entanto, desbastes sistemáticos em áreas com mais de um hectare saíram de moda. Os corços ficaram no prejuízo? De forma alguma, porque desbastes seletivos apresentam praticamente os mesmos benefícios para a vegetação rasteira da floresta. Árvores individuais são removidas com regularidade para dar espaço ao crescimento de espécimes melhores. A constante remoção em sistema de rotação é apenas um desbaste sistemático menos intenso e mais bem distribuído. Em comparação com uma floresta ancestral virgem, as árvores equivalem a menos de 50% da biomassa de uma mata cultivada. Isso significa que mais luz chega ao solo, plantas herbáceas, gramíneas e arbustos ocupam áreas maiores e o chão da floresta se torna mais quente (temperatura cerca de 3°C maior). O bufê disponível para os cervos não é tão abundante quanto o oferecido nos desbastes sistemáticos; por outro lado, isso é compensado pelo fato de que ele pode ser encontrado praticamente pela floresta inteira.

Como cerca de 98% das florestas alemãs são cultivadas, é como se tivéssemos um programa de alimentação nacional gigante para os cervos. Acrescente a isso os caçadores que se dedicam a cuidar de presas potenciais, levando toneladas de alimento para as florestas, e dá para entender por que as populações de animais só aumentam. Hoje, como mencionei, há 50 vezes mais corços vagando pelas florestas na Alemanha do que havia antes do início dessas medidas intrusivas.

Você é capaz de identificar por conta própria onde e como as paisagens florestais da Europa Central mudaram. Exceto em algumas áreas minúsculas, gramíneas, plantas herbáceas e arbustos quase nunca crescem em florestas nessas latitudes. A cobertura em larga escala por essas plantas começou após a interferência humana no ecossistema; isso é um ponto positivo, pelo menos para os corços.

Para algumas plantas, porém, a situação é diferente, porque, quando se trata de comida, essa espécie de pequenos cervos tem preferências, assim como nós. No topo da lista estão os brotos de faias, carvalhos, cerejeiras e outras árvores caducifólias, junto com a prole do raro pinheiro-branco. Depois delas, os eternos favoritos são o epilóbio, uma planta de um metro de altura com colunas de flores magenta radiantes, e as chamativas framboesas silvestres. Essas são as primeiras iguarias a serem devoradas e desaparecem completamente quando as populações de corços são vastas; as plantas com sistemas de defesa melhores, como amoras, cardos e urtigas, acabam tomando conta de tudo.

É fácil concluir que as árvores nativas das florestas centenárias da Europa Central nunca tiveram que enfrentar herbívoros: elas praticamente não desenvolveram defesas contra os mamíferos famintos. Nada de espinhos, nada de toxinas nas folhas, nada de emaranhados impenetráveis de galhos. Não, as faias e os carvalhos oferecem seus brotos praticamente indefesos de bandeja para qualquer animal que queira um aperitivo. Suas únicas formas de proteção são o já mencionado crepúsculo eterno do chão da floresta e a ausência de outras plantas, tornando a mata um local desagradável para viver.

Essas tentativas desanimadas de defesa, no entanto, funcionam apenas quando há poucos animais ao redor, como é o caso com os corços. Elas não dariam certo contra grandes hordas de bisões ou tarpans (cavalos selvagens ancestrais) famintos, que simplesmente arrancariam a casca das árvores. Os troncos e as copas moribundos abririam espaço e permitiriam a entrada de luz para o desenvolvimento de planícies gramadas, e os herbívoros se alimentariam das plantas que cresceriam ali – e a floresta desapareceria. Mas nada disso aconteceu na Europa Central. Na minha opinião, isso é prova de que nunca houve uma ameaça séria, a longo prazo, desses animais; caso contrário, a evolução interviria.

A situação é bem diferente para as plantas adaptadas à vida em planícies gramadas. Cavalos selvagens, gado selvagem e cervos-vermelhos ficam à vontade nesses espaços abertos e adoram mordiscar novos arbustos e árvores para variar a dieta. Espécies lenhosas se defendem de forma vigorosa contra esses agressores. O abrunheiro é um exemplo clássico. Os espinhos semelhantes a punhais – encontrados inclusive em arbustos que morreram há anos – são tão afiados que perfuram não só a pele (de qualquer tipo), como também botas de borracha e pneus de carro. A macieira selvagem usa uma arma semelhante. Assim como o abrunheiro, ela pertence à família das rosas. Rosas = espinhos = planícies gramadas.

As plantas não equipadas com espinhos dependem de toxinas. Entre elas estão a dedaleira, a giesta e a erva-de-são-tiago. Esta última é especialmente perigosa porque seus efeitos nocivos se acumulam. Com o passar do tempo, ela causa leves problemas no fígado até chegar ao ponto de o animal comê-la demais e morrer.

No entanto, nem todas as espécies são afetadas pelo veneno da erva-de-são-tiago. Algumas borboletas e traças não apenas consomem essas belas flores amarelas, como também as utilizam para a própria proteção. A mariposa-de-cinabre é um exemplo. As lagartas passam o dia todo mastigando folhas, consumindo não apenas suas calorias, mas também seu veneno. São imunes aos efeitos da planta, mas seus predadores, não; as listras pretas e amarelas das lagartas avisam que elas são uma refeição fatal. Essa combinação de cores parece ser um aviso universal no reino animal: basta pensar no amarelo e preto das vespas e salamandras, por exemplo.

Por toda a natureza, plantas lutam para não serem devoradas. Apesar de serem discretas, pesquisas recentes mostram que árvores caducifólias não são tão passivas quanto nós estudiosos achávamos. Para chegar a essa conclusão, cientistas da Universidade de Leipzig e do Centro Alemão de Pesquisa Integrativa em Biodiversidade (iDiv) simularam ataques em pequenas faias e bordos. Toda mordida de um cervo em uma jovem árvore deixa um pouco de saliva no ferimento; segundo a pesquisa, as plantas machucadas conseguem detectar a presença da saliva. Para simular o ataque de corços, os pesquisadores cortaram mudas ou folhas e pingaram a saliva dos animas nas áreas danificadas com uma pipeta. Eles notaram que a reação das pequenas árvores foi produzir ácido salicílico, aumentando sua produção de compostos defensivos com gosto ruim para desencorajar os corços de comê-las. No entanto, quando os cientistas simplesmente quebraram galhos novos sem aplicar saliva, as faias e bordos só produziram hormônios para curar a perda o mais rápido possível.[1] O experimento também provou que essas árvores (e talvez muitas outras espécies) são capazes de "sentir" a saliva deixada em seus galhos e folhas e percebem que estão sendo atacadas por animais.

Porém, depois que a população de cervos alcança certa densidade, não faz diferença saber quem é o devorador. Esses animais comem tantas plantas no seu território que não recusam nem as folhas com gosto ruim. Proprietários de florestas desesperados aplicam misturas amargas nas folhas de árvores caducifólias para tentar ajudá-las. Até eu tentei fazer isso no começo da minha carreira como engenheiro florestal, mas os corços logo provaram que a medida era inútil: eles ficam tão famintos que simplesmente comem a pasta branca junto com as mudas.

Chãos de floresta livres de vegetação – e a consequente dissipação das florestas ancestrais – são um problema grave em muitas regiões da Europa Central, mostrando que os animais selvagens alcançaram níveis populacionais nunca antes enfrentados pelas árvores. Como podemos mudar essa dinâmica no futuro? A presença de mais árvores na floresta seria uma boa solução. Em outras palavras, os engenheiros florestais deveriam recuar um pouco. Possibilitar o aumento do número de árvores devolveria a escuridão ao ambiente e permitiria que faias e carvalhos aplicassem sua boa e velha estratégia de bloqueio da luz. A situação também melhoraria muito se os caçadores parassem de alimentar animais no inverno. Para completar, se os lobos voltassem (e eles estão voltando), talvez, com o tempo, a região onde moro apresentaria resultados parecidos com os de Yellowstone.

Nada disso faria o relógio da natureza retomar completamente o ritmo anterior, porque ninguém pode nem vai remover o retalho de pastos, campos de agricultura e áreas reflorestadas menores que cobrem a paisagem da Europa Central – nem eu. Afinal de contas, eu também sinto fome todas as manhãs e gosto de comer meu pãozinho tanto quanto qualquer outra pessoa; para isso, preciso que alguém cultive uma plantação de trigo.

Mas não são apenas os corços que lucram com a transformação que provocamos na natureza para suprir nossos interesses. Outros animais marrons influenciam bastante os ambientes onde vivemos: eles são miudinhos, sabem se defender muitíssimo bem e têm um fraco por miosótis.

5. Formigas – as soberanas secretas

Meu quintal fica lotado de miosótis durante o verão. Os trechos de azul surgem em todo canto, sempre entrando de penetra nas nossas hortas, onde se acomodam e de onde se recusam a ir embora. Por serem tão bonitos, geralmente os deixamos em paz e aceitamos a invasão. Miosótis, no entanto, só conquistam tantos novos territórios porque têm um exército de aliadas minúsculas: formigas.

E isso não é só porque as formigas gostam muito de flores – elas não se interessam por suas qualidades estéticas, ao menos. As formigas são impulsionadas por seu desejo de comer, principalmente quando os miosótis produzem sementes. Essas sementes são projetadas para deixar as formigas com água na boca, já que exibem uma estrutura externa suculenta chamada elaiossoma, semelhante a uma migalha de bolo. Essa porção cheia de gordura e açúcar é como a batata frita e o chocolate da formiga. As criaturinhas logo carregam as sementes de volta para o ninho, onde a colônia aguarda ansiosamente pela injeção de calorias. A guloseima é devorada, e a semente em si é descartada. Então surgem as operárias catadoras de lixo, que descartam as sementes pela vizinhança – deixando-as a até 70 metros de casa. Morangos e violetas selvagens também se beneficiam desse sistema de distribuição: as formigas são as jardineiras da natureza, por assim dizer.

Há um exército enorme delas zanzando por florestas e campos, e, em certos aspectos, seus dias são tão ocupados quanto os nossos. Cerca de 10 mil espécies de formigas foram descobertas até hoje, e o jornal semanal alemão *Die Zeit* certa vez se deu ao trabalho de calcular o peso total de todas as criaturinhas nessa família de insetos. Pelas suas contas, é equivalente ao peso de todas as pessoas na Terra.[1]

Apesar de a maioria das formigas selvagens ser pequena, suas colônias e as estruturas que constroem costumam ser muito grandes. O maior formigueiro que já encontrei na reserva que gerencio tinha quase 5 metros de largura. Minhas primeiras experiências com as formigas-vermelhas (a espécie mais comum nas florestas) foram durante passeios de família na infância. Assim que um de nós via um formigueiro grande na beira das trilhas, o ritual era sempre o mesmo. Minha mãe parava ao lado da estrutura e batia levemente com a mão na parte externa. Então nós cheirávamos a palma de sua mão – e imediatamente detectávamos um odor forte, azedo. As formigas secretam ácido na parte externa do formigueiro para afastar intrusos. Durante essa demonstração, nós precisávamos ficar pulando, para as criaturinhas nervosas não se aventurarem por nossos tênis e pernas e nos picar, já que suas picadas são muitíssimo dolorosas.

O fato de as formigas da floresta serem capazes de se defender tão bem não surpreende. Afinal de contas, são parentes das abelhas, tendo uma organização social semelhante – a não ser pelo fato de que as colônias de formigas podem ter várias rainhas. Além disso, formigueiros próximos se toleram, algo que não acontece com as abelhas. Elas invadem as colmeias umas das outras, especialmente no outono, e a colônia das abelhas derrotadas é destruída sem dó, perdendo todo o mel. As formigas são mais pacíficas – pelo menos quando se trata das interações com a própria espécie – e gostam de outros insetos, mas apenas em um contexto culinário. Por exemplo, elas adoram alimentar as larvas de formigas na colônia com besouros escotilíneos e suas larvas. As formigas são tão insaciáveis que, no verão, milhões de besouros em um raio de até 50 metros do formigueiro acabam virando jantar.

Os temidos besouros escotilíneos se alimentam de plantações de abetos. Nas grandes monoculturas de pinheiros, são as larvas de mariposas que arrasam florestas inteiras. Porém, isso não acontece nas redondezas dos formigueiros de formigas-vermelhas. Ao redor da colônia, ilhas verdes resistem em meio a um oceano de troncos mortos. Isso logo fez com que a espécie fosse encarada como guardiã da saúde florestal. Desde então, essas formigas tão prestativas para engenheiros florestais e proprietários de florestas foram colocadas sob proteções rígidas, já que não apenas comem as pestes mencionadas, como também cadáveres em decomposição. Apesar de não ser a intenção, as novas regras também beneficiam espécies raras de pássaros que se alimentam de formigas. Pica-paus como o pica-pau-preto, grande como um corvo, assim como o tetraz-grande e o tetraz-lira, ou galo-lira, gostam de lanchar as larvas e as pupas dos formigueiros. Dessa forma, é inquestionável que as formigas-vermelhas são benéficas.

Porém, se pararmos para observar a espécie sob outros aspectos, essa ideia se torna duvidosa. Por exemplo, a necessidade de proteger essas formigas é controversa. Serei bem claro. Todas as espécies, independentemente de serem comuns ou raras, são dignas de proteção; é uma questão de respeito. No entanto, a necessidade de proteção no sentido de elaborar medidas de apoio ativas para o animal é algo completamente diferente e, no caso das formigas na região onde moro, equivocada. As formigas-vermelhas chegaram à área como resultado das mudanças que fizemos, expandindo seu território apenas como consequência do aumento descontrolado das plantações de árvores coníferas. Essas construtoras de colinas não tinham representação nas florestas caducifólias originais da Europa Central. Você já viu um formigueiro de formigas-vermelhas feito de folhas? Não, porque elas usam apenas as ramas. Além disso, precisam de muito sol para conseguir começar a trabalhar na primavera. As formigas vão para a superfície de sua colina para se aquecer durante o dia e então voltam para dentro para radiar o calor que absorveram. Luz solar que alcançava o solo era artigo raro nas florestas de faia originais – outra desvantagem para as minúsculas engenheiras civis.

Porém, mesmo em seu habitat natural a suposição de que o efeito das formigas-vermelhas é totalmente benéfico para as árvores é questionável. Não há dúvida de que as árvores gostam dos insetos que removem besouros escotilíneos nocivos, mas a dieta das formigas não se restringe a carne. Também inclui alimentos açucarados. Na floresta, guloseimas doces vêm quase exclusivamente de pulgões. Os pulgões se prendem às ramas e ao tronco das árvores, fincando a boca nos pontos por onde flui a seiva, sugando a força vital delas. Graças à fotossíntese, esse "sangue" das árvores tem alto teor de açúcar, mas não é isso que os pulgões buscam. Seu objetivo é a proteína, escassa nesse tipo de fluido. Portanto, precisam ingerir quantidades imensas de seiva para conseguir filtrar as parcas substâncias que desejam.

Quem bebe muito também evacua muito, e os pulgões passam quase o tempo todo evacuando. Se você estacionar seu carro embaixo de árvores infestadas por pulgões durante o verão, o para-brisa deixará isso bem nítido – em poucas horas, ele ficará coberto de gotículas grudentas. E como essas criaturinhas comem e defecam constantemente, seus traseiros acabam ficando cheios de açúcar. Algumas espécies revestem os excrementos com cera, para expeli-los com mais facilidade; outras contam com a ajuda de formigas. As formigas devoram as fezes doces, porque, assim como acontece com suas parentes abelhas, o açúcar é o componente mais importante da sua dieta. A cada estação, uma única colônia de formigas digere cerca de 200 litros dessas gotinhas doces. A secreção é chamada de melado e constitui até dois terços da sua ingestão calórica. Para dar uma ideia da quantidade de melado que elas consomem, uma média de 10 milhões de insetos, pesando um total de 28 quilos, vai parar na pança das formigas, representando 33% de sua ingestão calórica. O pouco que resta é fornecido pela seiva de árvores e micélios.[2]

As formigas-vermelhas e os pulgões, portanto, caminham juntos; é aí que o termo "guardiãs da saúde florestal" começa a desandar, porque os pulgões prejudicam as árvores de várias formas. Primeiro, sugam a força vital de que as faias, os carvalhos e os abetos tanto precisam. Depois, ao prenderem suas bocas nos caules para sugar os fluidos, causam danos graves ao tecido das árvores. As ninfas de olhos vermelhos dos pulgões de abetos, por exemplo, têm menos de 2 milímetros de comprimento e drenam as ramas de muitas espécies diferentes de abetos. As folhas se tornam amarelas, depois marrons e, por fim, caem. Depois, as árvores parecem ter sido depenadas, já que apenas os brotos da nova estação permanecem nos galhos, e seu crescimento é prejudicado, porque suas possibilidades de fotossíntese ficam muito limitadas.

A essas restrições somam-se agentes patológicos que podem ser fatais para as árvores. Um tipo de pulgão, o *Cryptococcus fagisuga*, se alimenta da casca de faias. Essas pequenas criaturas são cobertas por uma pelugem encerada macia. Contanto que não estejam presentes em grande número, elas não são perigosas – as faias conseguem curar pequenos ferimentos com facilidade.

No entanto, a situação muda de figura quando suas populações aumentam. Os pulgões não precisam de machos para se multiplicar. Aliás, eles nunca foram encontrados na natureza. As fêmeas põem ovos não fecundados, que chocam larvas. Essas são levadas pelo vento para faias próximas, onde começam a se alimentar imediatamente. Quando todos os cantinhos ficam preenchidos por colônias de pulgões brancos, as árvores parecem cobertas por uma leve camada de mofo, e o sistema de defesa de muitas fica sobrecarregado e se esgota. As bocas sugadoras dos pulgões criam feridas gotejantes que não saram. A seiva exposta é colonizada por fungos, que se infiltram nos troncos e matam as árvores. Muitas faias sobrevivem à infecção, mas carregam as cicatrizes na casca pelo resto da vida.

Perda de energia vital e disseminação de doença através de feridas – os pulgões realmente não são amigos das árvores. E então temos as chamadas guardiãs da saúde florestal. As formigas-vermelhas poderiam simplesmente devorar as pestinhas verdes e aproveitar a proteína que elas oferecem. No entanto, é mais vantajoso manter os pulgões por perto e bancar as fazendeiras de melado. De alguma forma, elas precisam coletar 200 litros de excrementos, e há jeito mais fácil de fazer isso do que deixar os pulgões nas árvores próximas ao formigueiro? As formigas se beneficiam em dobro ao defenderem seus bandos de pulgões contra predadores: não apenas protegem sua fonte de melado como também ganham acesso a presas como larvas de joaninhas, que adoram pulgões e acabam sendo devoradas pelas defensoras deles quando tentam comê-los.

Apesar da proteção oferecida pelas formigas, nem sempre os pulgões gostam de ficar parados. Quando quer ir embora, a geração mais jovem desenvolve asas para voar até pastos mais verdejantes. Esse plano não passa batido por suas guardiãs e as formigas logo acabam com os sonhos voadores dos pulgões, comendo seus apêndices transparentes. Como se isso não bastasse, elas também usam meios químicos para impedir a fuga de seus rebanhos domesticados. As formigas exalam compostos que diminuem o crescimento das asas dos pulgões, e, por garantia, também os tornam mais lentos: uma equipe de pesquisadores do Imperial College London descobriu que os pulgões se movem mais devagar depois de atravessar um terreno por onde formigas já passaram. A causa para a lentidão é uma mensagem química deixada pelas formigas, que afeta seu comportamento e os força a reduzir a velocidade.[3] No fim das contas, a bela relação simbiótica entre formigas e pulgões não é tão positiva assim.

Talvez você queira argumentar que, ainda assim, a atenção das formigas traz benefícios aos pulgões: eles não precisam se preocupar com ataques de larvas de joaninhas ou moscas-das-flores, por exemplo. E o processo de "ordenha" não lhes faz mal. Afinal de contas, as gotículas açucaradas não passam de excrementos – e são levados embora, mantendo os pulgões limpinhos. O problema é que eles preferem buscar árvores mais produtivas quando notam que o local onde aterrissaram no começo da vida deixou de ser interessante. Mas suas protetoras, que agora se tornaram carcereiras, os impedem de partir. Formigas carcereiras que mantêm concentrações absurdamente altas de "gado" nas árvores seriam mesmo guardiãs da saúde florestal?

Será que as formigas-vermelhas realmente ajudam engenheiros florestais ao enfraquecerem as árvores próximas ao seu formigueiro com suas fazendas de melado? Não é fácil responder a essa pergunta. No começo do capítulo, mencionei ilhas verdes em florestas de coníferas após a invasão de besouros escotilíneos. Independentemente de quantos pulgões morem nas árvores sobreviventes, elas estão em uma situação melhor do que suas companheiras mortas. E isso nos traz à questão fundamental de compreender a coexistência complexa de grupos diferentes de insetos. As árvores não são atacadas apenas por pulgões e besouros escotilíneos, mas também por uma série de outras espécies, todas com um objetivo: pegar seu quinhão do gigantesco armazém de carboidratos que é uma árvore. Os besouros broca-de-madeira colocam seus ovos na casca, e as larvas criam túneis para o interior do tronco. Gorgulhos mastigam folhas até suas bordas parecerem ter levado tiros. Esse tipo de dano pode ser mais prejudicial para as árvores do que a doação de parte dos seus fluidos vitais para os pulgões. É certo que as formigas-vermelhas garantem a presença de mais pulgões – o que significa mais perda de "sangue" para as árvores –, porém isso também causa o aumento de formigas na vizinhança. Muita comida na forma de fluidos equivale a muitas larvas de formigas alimentadas. E quanto mais formigas escalarem as árvores em busca dos insetos que ameaçam seus rebanhos de pulgões, menos ataques predatórios sofrerão as árvores.

Seria mais interessante perguntar como funcionaria o equilíbrio entre formigas, pulgões e floresta. A ciência ainda não encontrou uma resposta definitiva. No entanto, a maioria dos estudos conclui que, no geral, há mais efeitos positivos do que negativos. John Whittaker, da Universidade de Lancaster, por exemplo, descobriu que, em níveis equilibrados, as faias vivem muito melhor na presença de formigas. Elas aumentam o número de pulgões, mas apenas de algumas espécies. As que não são de interesse das formigas diminuem de forma drástica. Além disso, no geral, a quantidade de insetos que se alimentam de plantas diminui tanto que a perda de folhas é seis vezes menor do que nas faias sem formigas.[4] De acordo com Whittaker, os plátanos também parecem levar vantagem. Formigas cultivadoras de pulgões reduzem tanto os ataques de outros insetos herbívoros que os plátanos com formigas se alargam duas ou três vezes mais rápido do que os despovoados de formigas.[5]

Isso significa que formigas-vermelhas são benéficas? Acredito que o ecossistema seja complexo demais para encontrarmos uma resposta definitiva a essa pergunta. Se nos aprofundarmos um pouco, você verá que compreender todas as conexões é um trabalho de Sísifo. Podemos começar pelo açúcar. No fim das contas, apesar da sangria dos pulgões, as árvores continuam a produzi-lo, porque não há lagartas devorando suas folhas. O açúcar normalmente permaneceria dentro da árvore, seguindo para o ecossistema do solo através das raízes e das redes fúngicas no chão. Porém, graças à imensidão de faias ocupadas por pulgões, o açúcar das árvores agora pinga no chão e na vegetação rasteira. As formigas não conseguem consumir tudo com tanta rapidez, então muitas gotículas aterrissam em folhas e na superfície do solo. (Lembre-se do carro com o para-brisa grudento após ficar estacionado sob uma árvore dessas.) Os fungos, que mantêm uma relação simbiótica com as árvores e oferecem seus serviços às raízes, perdem esse açúcar: se muito se dispersa na superfície, pouco é transferido para o subsolo. Fungos famintos produzem menos esporocarpos, que servem de alimento para caracóis e insetos. Dá para entender por que os cientistas não conseguem avaliar o equilíbrio geral.

É mais fácil falar sobre as mudanças extremas causadas por práticas comerciais de silvicultura. A alteração das florestas originais – isto é, o plantio de monoculturas de árvores para obter madeira – não apenas remove espécies nativas (na Europa Central, estamos falando das faias), como também afeta as comunidades que dependem delas. Anteriormente, mencionamos as engrenagens individuais no mecanismo da natureza, mas agora estamos falando sobre uma troca completa do mecanismo. Se o novo relógio vai funcionar tão bem quanto o antigo é outra história.

Infelizmente, a patrulha pública da saúde florestal não se preocupa com o relógio como um todo, apenas com alguns poucos baderneiros na floresta. Nós já conhecemos alguns deles: mariposas e besouros escotilíneos. Vamos dar uma olhada nestes últimos agora.

6. Todos os besouros escotilíneos são ruins?

Broca-de-madeira, serra-pau – os nomes curiosos disfarçam que esses insetos estão no topo da lista de encrenqueiros nas florestas. São besouros broqueadores, um nome que você já deve ter escutado. Sua reputação é tão negativa que frequentemente me perguntam se todas as árvores mortas na reserva ambiental onde trabalho são viveiros dessas pestes e se não seria melhor me livrar delas. Mas, além de completamente inofensivos para florestas saudáveis, os besouros escotilíneos e companhia são, na verdade, criaturas maravilhosas. Convido você a observá-las em seu habitat natural.

Besouros escotilíneos vivem em florestas. Habitam árvores, mas não qualquer velharia. Todas as espécies de besouros têm um tipo preferido. O *Ips typographus*, por exemplo, que é bem grande, se especializa em abetos e, portanto, se limita a regiões onde crescem esse tipo de árvore. Na primavera, quando o termômetro alcança 20ºC, os besouros adultos saem dos esconderijos onde passaram o inverno e voam em busca de um parceiro. Só que as coisas não são tão simples assim. Os pequenos machos precisam se preparar bastante se quiserem encontrar uma cara-metade.

Primeiro, eles buscam abetos enfraquecidos. Como todas as árvores, os abetos são capazes de se defender contra ataques de insetos, e para que correr o risco de morrer antes da sua primeira oportunidade de fazer sexo? Portanto, os besouros limitam sua busca a árvores que emitem sinais aromáticos de fraqueza; as árvores informam umas às outras quando estão estressadas. Por exemplo, no caso de seca e da ausência perigosa de água no solo, as primeiras árvores a notar o problema podem avisar às vizinhas da área, que passam a diminuir o consumo de água como precaução, fazendo com que o suprimento perto das raízes dure por mais tempo. Infelizmente, os inimigos das árvores também detectam os sinais de que alguém está correndo o risco de secar. Em geral, a defesa dos abetos contra insetos é liberar gotas de resina para afogá-los. (Engoli-los, por assim dizer.) Se as árvores não tiverem água suficiente ou estiverem enfraquecidas de alguma outra maneira, não terão energia suficiente para produzir resina.

Quando o besouro escotilíneo macho encontra uma boa candidata, imediatamente começa a cavar um buraco nela. "Tudo ou nada" é o lema dos besouros, e, se o macho tiver sorte, o que sai do túnel cavado é: nada. Ele continua seguindo seu caminho pela casca, abrindo um trajeto paralelo às fibras da superfície. E vai avançando, milímetro a milímetro, saindo apenas para remover a serragem que produz.

Esses resíduos avermelhados são um sinal de alerta para engenheiros florestais, porque indicam que o abeto não tem mais possibilidade de se defender e está condenado. Quando o besouro consegue chegar tão longe, emite um sinal aromático para chamar mais colegas. Pode parecer estranho convidar outros machos no período de acasalamento, mas existe uma lógica por trás dessa loucura. Basta chover um pouco para a árvore recuperar sua energia e conseguir despachar o corajoso desbravador com uma porção de resina recém-saída do forno. Então o abeto deve ser enfraquecido rapidamente, até que a recuperação se torne impossível. Quanto mais insetos o perfurarem, maior a chance de extinguir completamente a força vital da árvore.

Porém tudo em excesso faz mal. Se machos demais chegarem, haverá espaço suficiente para construir câmaras para os ovos, mas não para acomodar as larvas que depois comerão a casca para sair desses espaços, formando constelações de túneis pelo caminho. O resultado pode ser muitos bebês famintos de besouros escotilíneos. Quando uma quantidade suficiente de machos se reúne, eles enviam um sinal para indicar que a árvore está cheia, afastando novos rivais. Os atrasados não ficam de mãos abanando, contudo, já que podem encontrar outros abetos na região para explorar. É bem provável que as vizinhas também estejam enfraquecidas – pelo menos na Europa Central. Afinal, os abetos não são nativos daqui e sempre crescem em condições quentes e secas demais para seu desenvolvimento. Às vezes, a quantidade de besouros escotilíneos é tão grande que até árvores saudáveis são dominadas. Quando arvoredos inteiros são afetados, usamos o termo "infestação de besouros". As copas avermelhadas das árvores moribundas chamam a atenção de longe.

Falando sobre chamar atenção, as comunicações químicas oferecem a desvantagem de permitirem a "espionagem" de inimigos. Por exemplo, há uma espécie de besouro, o *Thanasimus formicarius*, que parece uma formiga-vermelha grande. Ela caça besouros escotilíneos e se torna uma espiã ávida conforme se aproxima deles. E não são apenas as adultas que se alimentam dos besouros escotilíneos nas fases larval e madura; suas larvas também gostam da iguaria. O excesso de comunicação é tão prejudicial para os besouros escotilíneos quanto é para as árvores.

Enquanto chama reforços (ou os manda embora), o besourinho macho não perde o foco: encontrar uma parceira. Ele escava uma câmara nupcial sob a casca da árvore e, usando um sinal aromático diferente, atrai a clientela feminina. Quando elas chegam, há sexo e trabalho – o trabalho é maior para elas, já que há uma fêmea a cada três machos. Elas constroem mais túneis com pequenas alcovas para os ovos, que são postos um atrás do outro após o término da construção. Enquanto isso, continuam se acasalando para garantir que terão esperma suficiente para fecundar de 30 a 60 ovos. Os machos não ficam à toa. Como bons cavalheiros, ajudam a limpar os excrementos dos túneis.

Mais tarde, as larvas se chocam sozinhas e podem se deleitar com as camadas nutritivas do interior da casca, engordando. Fora da temporada de acasalamento, é possível admirar sua obra nas cascas velhas que caem das árvores. Quanto mais distantes das câmaras dos ovos, mais largas são as passagens mastigadas pelas larvas. A largura maior das passagens reflete o crescimento da circunferência dos besouros escotilíneos. No fim de cada caminho, encontramos um buraco. Foi por ali que o besouro, terminada a fase de crisálida, saiu voando – mas não antes de se fortalecer com uma última porção de casca de árvore. É fácil enxergar o buraco ao observar o pedaço de casca contra a luz.

O desenvolvimento de ovo para besouro leva cerca de 10 semanas, o que significa que é possível ter muitas gerações por ano – dependendo do clima. Verões frescos e chuvosos são difíceis para os besouros escotilíneos de abetos não só porque as árvores conseguem se defender melhor nessas condições, mas também porque infecções fúngicas e outras doenças se disseminam com mais facilidade entre a população de insetos. (Eles detestam longos períodos de chuva tanto quanto a gente.)

Os fungos, por outro lado, nem sempre fazem mal aos besouros. Algumas espécies até precisam das florestas úmidas onde esses carinhas moram. Vejamos, por exemplo, o besouro-da-ambrosia, *Trypodendron lineatum*, que habita coníferas. Ele se alimenta de madeira que está começando a secar. A madeira nesse estado é o local ideal para o assentamento de fungos, porque eles não conseguem crescer na madeira molhada de árvores saudáveis nem na madeira seca de árvores mortas há muito tempo. O besouro-da-ambrosia não deixa nada ao acaso. Ele carrega esporos do cogumelo *Imleria badia* em seu corpo e infecta a madeira com o fungo enquanto constrói seus túneis.

O besouro-da-ambrosia das coníferas vai uma camada mais fundo do que os escotilíneos dos abetos e se acomoda no alburno, que é o anel exterior vivo da árvore – por pouco tempo, de toda forma. Essa camada é mais úmida do que as outras mais profundas, o que significa que os fungos trazidos de carona podem se espalhar com facilidade. Os besouros constroem um sistema de passagens com esporos laterais que parecem uma escada curta. Os fungos começam a crescer em todas as paredes interiores, sendo usados como fonte de comida pelos besouros e por suas larvas. Eles escurecem a madeira ao redor das passagens. A mistura de madeira escura com buracos diminui o valor do tronco afetado – pelo menos para donos de florestas e serrarias. É fácil distinguir um ataque desses besouros de um ataque dos escotilíneos de abetos, porque os detritos fora da casca não são marrom-escuros, mas quase brancos. (Eles vêm quase totalmente de madeira clara, afinal.)

Furos no tronco, manchas de fungos. É fácil determinar que besouros escotilíneos são pestes. E as perdas não se resumem ao preço da madeira. Nos anos quentes e secos, os besouros podem se multiplicar tanto que matam árvores ao longo de cadeias de montanhas, como podemos ver no Parque Nacional da Floresta da Baviera.

Já a destruição causada pelo besouro *Dendroctonus ponderosae* está em outro nível. Esse inseto vive em florestas no oeste da América do Norte, onde é especialmente afeiçoado a pinheiros *Pinus contorta*. Ele se comporta de forma parecida com seus colegas dos abetos, mas são as fêmeas quem lideram o ataque e atraem os machos com aromas sedutores. Para acabar com as defesas das árvores (e suas gotas de resina), o besouro carrega um fungo que ataca e paralisa as camadas vivas da casca. Assim, não apenas os mecanismos de defesa da árvore são interrompidos, como a árvore se torna incapaz de se alimentar, passando a ser uma vítima indefesa facilmente colonizada.

Nos últimos anos, há cada vez mais relatos da multiplicação desordenada desses besouros e da consequente destruição de florestas saudáveis. Eles dizimaram cerca de 55% dos pinheiros produzidos comercialmente na Colúmbia Britânica, e áreas enormes perderam todas as árvores ancestrais.[1]

Você deve estar se perguntando como isso acontece. Não é comum encontrar uma espécie que destrua seu habitat natural. Cientistas sugerem que o fenômeno tenha ligação com a mudança climática. Temperaturas mais quentes no inverno permitem a sobrevivência de mais ovos e larvas, assim como a expansão dos besouros para o norte. O aquecimento também enfraquece as árvores, fazendo com que tenham menos energia para se defenderem de ataques.

É fato que isso faz parte do problema, porém a maioria dos estudos não menciona outro aspecto crucial: a aniquilação extensiva de florestas ancestrais, que são substituídas por monoculturas que favorecem o aumento da população de besouros. Além disso, incêndios florestais raros – iniciados por relâmpagos, por exemplo – acabaram sendo limitados, o que significa um aumento na quantidade de pinheiros. E como as florestas viraram plantações que estressam árvores, é mais comum encontrarmos pinheiros fracos, facilitando a proliferação dos besouros.

Enquanto isso, essa espécie se expande cada vez mais para o norte, subindo por montanhas. Em outras palavras, os besouros estão seguindo para lugares mais frios – ou lugares que costumavam ser mais frios. Lá, encontram espécies de pinheiros que nunca enfrentaram nada parecido com os besouros e, portanto, não sabem como se defender. A vítima original desse besouro, o pinheiro *Pinus contorta*, geralmente trava uma batalha. Quando um besouro fura sua casca, a primeira coisa que ele tenta fazer é soltar quantidades generosas de resina sobre o ferimento. A ideia é afogar o besouro ou, no mínimo, expeli-lo. No entanto, insetos corpulentos conseguem atravessar a substância grudenta, transformando a composição química em um convite para seus parentes se juntarem ao passeio e devorarem a árvore.

Depois que os besouros superam o primeiro obstáculo, chegam às células vivas das árvores, que imediatamente se suicidam, liberando uma toxina poderosa contra insetos.[2] Se o invasor for um único besouro, ele morre; no entanto, se estiver acompanhado dos colegas convocados pelo chamado químico, os besouros enfraquecem a árvore até ela se render, exausta.

Semelhantes colapsos florestais em grande escala também ocorrem na Alemanha. No Parque Nacional da Floresta da Baviera, áreas extensas de abetos originalmente plantados como florestas comerciais passaram a ser protegidas, junto com outras árvores. Depois que os guardas-florestais foram impedidos de cortar os abetos que tinham sido atacados e proibidos de enchê-los de substâncias químicas, os besouros escotilíneos locais ficaram fora de controle, do mesmo jeito que seus primos norte-americanos – causando resultados idênticos. Cadeias de montanhas ficaram cobertas de árvores mortas. As pessoas que faziam trilhas pela região se chocavam ao encontrar uma paisagem desolada, assombrada por cadáveres, em vez do paraíso verde que imaginavam.

E, agora, devemos nos perguntar de novo se os besouros escotilíneos realmente são pestes. Na minha opinião, a resposta é um enfático não. Esses insetos procuram fraqueza, então só conseguem danificar árvores que já estavam frágeis. Os eventos de reprodução em massa que causam a depredação de árvores saudáveis só acontecem quando ações humanas já afetaram demais as regras da natureza, dando vantagem para os besouros. Isso pode ocorrer através da criação de plantações ou pela emissão de poluentes que causam mudança climática. No fim das contas, a culpa do desequilíbrio do delicado sistema natural é nossa, não dos besouros. Em vez de condená-los, devemos encará-los como um sinal de que as coisas estão fora do eixo. Podemos argumentar que eles estão apenas piorando uma situação que já era problemática, tornando mais óbvia a urgência de mudar o rumo e reinstaurar a ordem natural.

As plantações de coníferas na Europa Central - bosques artificiais e vulneráveis de árvores importadas - podem ser substituídas aos poucos por florestas caducifólias nativas. Existem espécies de besouros escotilíneos adaptados para atacar esse tipo de árvore; no entanto, como as faias, os carvalhos e companhia se sentem muito mais à vontade nessa região do que os abetos e pinheiros, eles têm mais facilidade para se defender de ataques. Classificar os besouros escotilíneos como pestes tira o foco das causas reais do problema. E árvores atacadas individualmente por conta de sua fraqueza são uma fonte vital de comida para formigas, pica-paus e muitas outras espécies. Na verdade, os besouros escotilíneos abrem a porta para as criaturas que ganham vida com madeira morta. Sua multiplicação em plantações antigas cria um paraíso temporário para necrófagos. E nos povoados de abetos devastados das reservas florestais da Alemanha, a próxima leva de árvores já está a caminho. Toda uma geração, incluindo muitas caducifólias, está esperando para construir a fundação sólida de que as florestas ancestrais do futuro precisam, o que significa que os besouros escotilíneos não são apenas coveiros; eles também são parteiras.

É um pouco mais fácil entender o funcionamento de cadáveres de animais grandes. Cadáveres de animais? Sim, o cadáver de um animal é um ecossistema, quase como um pequeno planeta no universo da natureza. Ele até pode ser um planeta meio fedido, mas merece um pouco mais da nossa atenção.

7. O banquete fúnebre

Até agora, ignoramos uma guloseima deliciosa para muitas espécies: as carcaças de grandes mamíferos. Eventos fascinantes ocorrem ao redor desses cadáveres. Ficou com nojo? Eu entendo. Por outro lado, na prática, nós vivemos cercados por corpos de animais e, com exceção dos vegetarianos, interagimos com eles quase diariamente (mesmo que por pouco tempo) nos nossos pratos. A principal diferença entre nossas refeições e os muitos restos mortais de javalis, corços e cervos-vermelhos na mata é que o processo de decomposição avançou bem menos na mesa de jantar, permitindo que a gente se delicie com nossas refeições de forma segura.

Muitos animais toleram ou até necessitam que seu alimento esteja em certo estágio de putrefação, adorando porções de carne fedorentas demais para o olfato humano. E há muita carne. Todo ano, só na Europa Central, milhões de corços, cervos-vermelhos e javalis sofrem mortes violentas. E apesar de na Alemanha, por exemplo, muitos animais selvagens serem abatidos em caças (cerca de 1,8 milhão das três espécies mencionadas, de acordo com a Associação Alemã de Caça), muitos outros têm mortes naturais. O que acontece com seus corpos? A primeira resposta que passa pela nossa cabeça costuma ser: eles se decompõem. Isto é, apodrecem e, depois de passarem um tempo exalando um cheiro horrível, se tornam húmus. Mas quem facilita esse processo?

Vamos começar com os maiores colaboradores: os ursos. Eles têm focinhos extremamente sensíveis e conseguem detectar o aroma de carne a muitos quilômetros de distância. Assim como outros grandes predadores, como os lobos, eles são capazes de consumir a maior parte da carne de um animal morto em poucos dias. Tudo que não conseguem comer é enterrado, para manter um estoque de alimento escondido.

Os pássaros também surgem rápido em cena. Enquanto abutres pairam acima de carcaças frescas na savana africana, reivindicando-as com estardalhaço, os corvos são seus substitutos nas latitudes ao norte. Eles são os predadores nortistas e vigiam seu território lá do alto, buscando cervos ou javalis que partiram desta para a melhor.

Animais mortos costumam ser motivo de briga, e os lobos sempre perdem para os ursos-pardos. A matilha tem mais sorte quando segue para morros, especialmente se há filhotes, que são facilmente capturados pelos ursos para um lanchinho. Os corvos ajudam nesse sentido: eles enxergam os ursos de longe e avisam os lobos sobre o perigo iminente. Por sua vez, os lobos compartilham suas presas com os pássaros – algo que os corvos não conseguiriam fazer sem a autorização deles. Os lobos teriam facilidade de comer os corvos, mas ensinam à sua prole que eles são amigos. Filhotes de lobos já foram observados brincando com seus amigos pretos; os lobinhos gravam o cheiro dos corvos e passam a encará-los como membros da sua sociedade.

Lobos e corvos convivem de forma pacífica, mas outras espécies brigam por comida. Além dos pássaros pretos, há outros emplumados, como águias-de-cabeça-branca ou milhafres, que adorariam um quinhão do prêmio. Com toda a comoção e barulho enquanto os animais esperam por sua vez, o chão ao redor da carcaça é revirado. As plantas se misturam, porque sementes que secariam sob o solo duro agora podem ter seu lugar ao sol. A situação também muda para a vegetação que permanece intacta. A carne apodrecida vira fertilizante – para a mata, carcaças de cervos não passam de salmões gigantes. O aumento de nutrientes pode ser comprovado pelo crescimento robusto das plantas, o tom de verde da grama e a maior quantidade de plantas herbáceas espalhadas – tudo isso até um metro ao redor de onde estava a carcaça.[1]

E o que acontece com os ossos? Depois que a carne é comida ou apodrece, muitos ossos deveriam ficar espalhados pelos campos e florestas, sendo queimados pelo sol. Só que isso não acontece; mesmo eu, nas minhas rondas diárias como engenheiro florestal, nunca encontrei o local do descanso final de um animal morto, só me deparando com crânios em pouquíssimas ocasiões.

Há duas forças que trabalham em prol disso. Animais doentes ou fracos se separam dos outros da sua espécie e se escondem na mata ou, em dias quentes de verão, seguem para as proximidades de córregos ou para dentro da água, para resfriar suas feridas. Lá, eles esperam pela morte. Faz sentido, porque essa é uma forma de não enfraquecer sua família – animais fracos atraem a atenção de predadores. Além disso, em um local isolado, ninguém vai incomodá-los em suas horas finais. No geral, nosso olfato é o que nos guia para animais mortos nesses locais; os ossos ficam escondidos sob arbustos, quietinhos. Seria de se esperar que encontrássemos ossos espalhados de vez em quando, já que eles não quebram com facilidade e, às vezes, pode acontecer de um animal morrer fora da cobertura protetora da vegetação. Mas isso não acontece, porque há muitos apreciadores de restos mortais por aí.

Vejamos os ratos, por exemplo. Eles parecem adorar ossos e os mordiscam até não restar nada. No geral, o objetivo é absorver cálcio e outros minerais; ratos encaram ossos da mesma maneira que o gado vê as pedras de sal (ou da mesma maneira que nós encaramos biscoitinhos salgados). Se os ossos estiverem frescos, os ursos gostam de parti-los em busca do tutano gorduroso em seu interior – uma guloseima pela qual ninguém os enfrentaria, nem os lobos. Apesar de alguns cachorros gostarem de roer ossos, os caçadores cinzentos claramente não veem graça nessa tarefa tediosa e cheia de detalhes, mas ela é importante, especialmente para outras espécies. A relevância se torna visível nos locais onde os ursos foram erradicados, inclusive na Alemanha, porque é a quebra da dura camada externa que permite o acesso para criaturas mais delicadas.

É o caso das moscas *Thyreophora cynophila*, que desapareceram sem deixar vestígios até serem redescobertas em 2009.[2] Esse inseto bizarro com uma cabecinha vermelho-alaranjada minúscula parece saído de um mundo de fantasia e não se comporta como outras moscas. Adora um friozinho. Seu momento preferido para voar são as noites de inverno, quando busca animais mortos e ossos quebrados. Neles, ela faz sua refeição e coloca ovos. No século XIX, as carcaças foram sumindo de espaços abertos na Europa Central graças a regras mais rígidas de higiene. Ao mesmo tempo, os ursos foram expulsos, então a situação se tornou complicada para essas moscas, que foram declaradas extintas em 1840. Porém, em 2009, o fotógrafo espanhol Juli Verdú tirou uma foto do que achava ser uma mosca vinda dos trópicos. Pesquisadores da Universidade Complutense de Madri a reconheceram como o inseto desaparecido, que então foi retirado da lista de animais extintos.[3]

Já mencionamos que os corvos são os abutres do Norte, mas também precisamos falar dos abutres em si. Abutres-fouveiros em busca de animais mortos sobrevoam a Alemanha com frequência. No site Club300, ornitólogos amadores relatam observações desses visitantes extraordinários todos os anos.[4] Se houvesse algo para comer, vários deles voltariam a morar no país, porém, na atual conjuntura, tudo que fazem são visitas que passam despercebidas pela maioria de nós. Os abutres-fouveiros, assim como as moscas *Thyreophora cynophila*, foram declarados extintos em muitos lugares do mundo.

Até agora, nosso foco foram as carcaças de animais grandes. Elas costumam ser foco de uma limpeza meticulosa, porém, quando se trata de animais abaixo de determinado tamanho, isso deixa de acontecer. Há vários restos mortais de pequenos mamíferos por aí, superando em muito o número dos grandes. Vejamos os ratos, por exemplo. Há cerca de 100 mil desses pequenos roedores correndo por quilômetro quadrado, vivendo, em média, quatro meses e meio. Ratos jovens alcançam a maturidade sexual em duas semanas, gerando até dez filhotes após outras duas.

Vamos partir do princípio de que, durante uma temporada, todo casal de ratos dê origem a cinco gerações com dez filhotes cada. Em anos muito férteis, isso significaria que os 100 mil animais (ou 50 mil pares) por quilômetro quadrado gerariam 2,5 milhões de ratinhos para zanzar por aí – não ao mesmo tempo, é claro, porque a maioria morreria de doenças ou seria devorada com o tempo. Então, ao longo da temporada, seriam até 6,5 milhões de ratos mortos. Se cada um pesar 30 gramas, o peso total dos cadáveres totalizaria 75 toneladas, o equivalente a 3 mil cervos. É carne demais para falcões, raposas ou gatos consumirem, deixando muitas sobras para os outros.

Um desses outros é o belo besouro-carniceiro, da espécie *Nicrophorus*, listrado de preto e laranja. Eu o encontro com frequência durante as minhas caminhadas pela reserva – ele é tão impressionante que é difícil passar despercebido. Os adultos caçam insetos, mas não conseguem resistir ao aroma de um cadáver fresco em decomposição.

Para os besouros-carniceiros, a carcaça de um rato chama atenção não apenas por ser uma refeição gostosa, mas também como um local interessante para sua prole começar a vida. Os machos costumam ser os primeiros a chegar ao prêmio. Triunfantes, eles erguem os traseiros e liberam um aroma para atrair as fêmeas. Seu objetivo: acasalar. Porém, seus rivais também detectam a mensagem e se aproximam. Batalhas ferozes são travadas e o besouro perdedor precisa bater em retirada. Quando uma fêmea aparece, os trabalhos começam.

Os besouros cavam sem parar embaixo do rato, puxando-o através dos pelos. No processo, boa parte da pele é mordida e a carcaça fica coberta com quantidades generosas de saliva. A imagem não parece muito apetitosa, mas o processo torna o rato mais escorregadio. Assim, o animal morto desce aos poucos pelo solo, até desaparecer completamente, ficando fora do alcance de outros animais carniceiros.

Os besouros fazem intervalos constantes para acasalar. Depois que o trabalho termina, o rato se torna irreconhecível. Aquela movimentação toda transforma a carcaça em uma pelota comprida. As fêmeas do besouro agora colocam os ovos ao longo dele. Ao contrário de muitos insetos, essa espécie de besouro permanece por perto depois que as larvas nascem. As bocas dos jovens ainda não estão fortes o suficiente para mastigar carne, então a mãe os alimenta quando eles erguem a cabeça e pedem por comida, como se fossem filhotes de passarinho.

Como pesquisadores da Universidade de Ulm descobriram, outra coisa acontece com a mãe: ela perde o interesse pelo acasalamento. Não é só isso: mesmo se o macho conseguisse seduzi-la, não faria diferença, porque sua amada se tornou completamente infértil – pelo menos enquanto cuida de todos os bebês. Assim que alguns dos pequenos somem (talvez morram ou sejam devorados por algum animal), seu desejo sexual volta. O macho imediatamente nota a mudança e fica enlouquecido. Cientistas chegaram a observar até 300 coitos nessa fase – mais do que na época em que o macho dominou a carcaça. A fêmea logo coloca novos ovos para suprir sua perda. Caso essa agitação toda gere bebês demais, ela resolve o problema matando os sobressalentes.[5]

Se uma carcaça passar incólume por ursos e lobos (ou, no caso de cadáveres pequenos, por besouros-carniceiros), criaturas menores assumem o comando. As moscas-varejeiras são as líderes dessa equipe de limpeza. Há mais de 40 espécies só na Alemanha e elas são magicamente atraídas pelo cheiro de cadáveres. A carne não deve estar tão putrefeita a ponto de feder, porque esses insetos preferem atacar comida fresca. Por exemplo, se você deixar um pedaço de carne do churrasco no seu prato durante o verão, as primeiras moscas aparecem em questões de minutos.

Eu vi com meus próprios olhos o nível de frescor da carne que essas moscas azuis iridescentes gostam. Em um dia quente de verão, anos atrás, me deparei com um corço deitado sob arbustos. Ele estava muito machucado e tinha um ferimento grande na parte traseira. Já havia centenas de larvas brancas ao redor da ferida – filhotes das moscas-varejeiras. Com o coração pesado, acabei com o sofrimento do corço. Algumas espécies, como moscas-sapeiras, atacam até animais completamente saudáveis. Colocam ovos na pele de sapos. Quando nascem, as larvas entram pelas narinas dos animais e comem a cabeça do hospedeiro de dentro para fora. O sapo passa um tempo se comportando feito um zumbi antes de finalmente sucumbir.

No entanto, em geral, as moscas-varejeiras são as primeiras convidadas a chegar na festa. Centenas de moscas colocam milhares de ovos. Os locais mais expostos, como os olhos, são seus favoritos. As larvas se desenvolvem rápido e se espalham por toda a carcaça, cobrindo-a tão completamente que outros insetos não conseguem encontrar um espaço vazio para colocar ovos. A *Thyreophora cynophila* é a última a aparecer, já que adora comer os restos – isto é, os ossos.

Na Alemanha, existe uma forma simples de ajudar as moscas da espécie *Thyreophora cynophila* e muitas outras dependentes de carcaças grandes. Podemos deixar cadáveres de cervos e javalis expostos, pelo menos nas reservas. No geral, as pessoas caçam nesses parques, mas as carcaças dos animais selvagens são removidas por cuidadores da floresta. Porém os processos naturais deveriam ocorrer pelo menos nesses locais; e restos mortais de animais fazem parte disso. Nós não veremos as moscas comedoras de ossos, porque elas são mais ativas em noites frias. Mesmo assim, é bom saber que esse ecossistema, com criaturas de aparência às vezes bizarra, tem outra chance de sobreviver.

Por falar em noite, há outros representantes do reino dos insetos que gostam do escuro e até acendem suas próprias luzes. Elas iluminam seu caminho de amor, intrigas e, de vez em quando, mortes terríveis.

8. Acendam as luzes!

A luz é fundamental para a natureza. No fim das contas, quase todas as criaturas do planeta dependem de energia solar processada. A fotossíntese produz açúcar, que dá vida às plantas e, indiretamente, aos seres humanos e animais. No mundo natural, é nítido que há uma batalha por cada raio de sol, por cada gota de energia. As árvores são prova disso. Só crescem tanto porque querem ficar acima dos outros arbustos e plantas com que competem pela luz.

O desenvolvimento de troncos e copas poderosos exige muita energia. Por exemplo, uma faia madura contém até 14 toneladas de madeira, que, se queimadas, liberariam 42 milhões de quilocalorias de energia. Em comparação, uma pessoa – dependendo do grau de atividade física – queima entre 2,5 e 3 mil calorias de comida por dia. (Calorias de alimentos são, na verdade, quilocalorias, apesar de não usarmos o nome inteiro.) Isso significa que uma faia madura armazena energia solar suficiente para alimentar uma pessoa por 40 anos – se o sistema digestivo humano fosse capaz de processar madeira. Não é de admirar que sejam necessárias décadas para produzir tanta madeira e é por esse motivo que as árvores vivem tanto. O ecossistema de uma floresta é basicamente um armazém de energia gigantesco.

Tudo está claro até aqui, porém a luz também é importante por motivos muito diferentes. Suas ondas energizadas estimulam a retina no fundo dos olhos, onde se transformam em informações. A maioria dos animais desenvolveu a visão para interpretar a luz, o que significa que precisam de um pouco de iluminação. Além do fato de a copa enorme das árvores bloquear até 97% da luz de uma floresta, há outro problema para os animais que precisam de ondas de luz para enxergar. Na metade do tempo – à noite –, elas são escassas. Apenas o brilho leve das estrelas, fortalecido pelo brilho mais intenso da lua, alivia a escuridão. Porém, nos frequentes momentos de céu nublado, só resta o breu. Por que não tirar vantagem dessa necessidade?

Apesar do título deste capítulo ser "Acendam as luzes!", seria melhor chamá-lo de "Apaguem as luzes!" para algumas plantas e animais. Há muitos motivos para eles serem notívagos. Algumas flores só desabrocham no escuro, porque não gostam de competir com as outras. Durante o dia, uma série de plantas herbáceas, arbustos e árvores fazem de tudo para se destacar, buscando a atenção de insetos polinizadores. Vejamos as abelhas, que prestam um serviço importante. Elas conseguem visitar uma quantidade limitada de flores e esse número diminui quando as hospedeiras florais são muito grandes. Várias flores acabam perdendo a polinização e não formam sementes. Para evitar esse destino, as plantas utilizam todas as variedades de cor na paleta da natureza. Além disso, enviam convites com aromas doces. Os insetos apreciam os mesmos perfumes que nós, porque cheiros adocicados indicam um néctar delicioso nas redondezas.

Algumas plantas preferem evitar a colorida multidão diurna de mensagens visuais e olfativas, desabrochando nos horários de escuridão. Seus nomes – prímula-da-noite ou dama-da-noite – costumam indicar essa peculiaridade. Depois do pôr do sol, a maioria das flores fecha, então podemos dizer que as competidoras estão indo dormir. Agora os insetos podem dedicar toda sua atenção às poucas plantas que oferecem néctar. Pena que as abelhas, assim como a maioria das flores, também tiram folga nessa parte do dia. Já faz um tempo que elas voltaram para a colmeia, onde estão processando tudo que coletaram e produzindo mel.

Mas há insetos que trabalham no expediente noturno. Vejamos as mariposas, por exemplo. Serei sincero. Apesar de eu amar os animais, não tenho muito apego pelas mariposas, mas existe um motivo para isso. Anos atrás, depois de voltarmos de uma viagem em família na Suécia, tirarmos as malas do carro e desabarmos no sofá, notamos pequenas traças voando ao redor. Fui tomado por uma sensação de agonia e levantei um canto do nosso tapete de lã. Que horror! Milhares de larvas se remexiam no tecido e uma nuvem de traças incomodadas levantou voo e começou a dar voltas pela sala. Nós enrolamos o tapete na mesma hora e o escondemos na garagem. Depois disso, fico enjoado só de ver uma traça e uma pontada de nojo surge sempre que encosto em lã.

Mariposas e borboletas pertencem à mesma ordem (*Lepidoptera*), porém são muito diferentes. Em primeiro lugar, borboletas voam durante o dia, enquanto a maioria das mariposas prefere a noite. Borboletas são coloridas e mariposas têm um visual meio sem graça, mas isso pode ser explicado. As borboletas usam estampas coloridas para transmitir informações para outras borboletas e aos inimigos, porém as mariposas seguem uma estratégia completamente diferente. Para sobreviver, elas precisam ser o mais discretas possível, se misturando aos arredores: essas criaturinhas aladas pousam em cascas de árvores durante o dia e se disfarçam para despistar os pássaros que as comeriam.

As aves dormem à noite, o que é uma grande vantagem para as mariposas durante suas visitas aos doces cálices das plantas notívagas. Que bom que a maioria dos pássaros concorda com as plantas; eles não gostam das horas de escuridão e fogem delas. Como essa reciprocidade entre as espécies ocorre há milhões de anos, não é de surpreender que predadores tentem se aproveitar da situação.

Neste caso são os morcegos, que caçam as mariposas nos meses mais quentes do ano. E como não há muita luz durante a noite, eles usam ondas ultrassônicas para localizar suas presas. É possível que os morcegos usem o reflexo de seus ruídos e ultrassons contra objetos para construir imagens mentais – em outras palavras, eles usam o som para "enxergar" objetos.

Cientistas acreditam que, graças aos ecos que esses caçadores noturnos detectam, eles têm uma noção bem distinta dos seres com quem lidam. Uma folha caindo da árvore cria um padrão de ondas sonoras diferente do movimento das asas de uma mariposa. Morcegos conseguem detectar arames com até 0,05 milímetros de espessura. É possível que eles "vejam" seus arredores com uma riqueza muito maior de detalhes do que nossos olhos são capazes durante o dia.[1] Afinal, quando vemos as coisas, apenas interpretamos as ondas refletidas de objetos. A única diferença é que nos adaptamos à luz em vez de ao som – sem contar que os morcegos precisam gritar o tempo todo para conseguir enxergar.

Não são gritos longos e arrastados, como os que emitimos quando queremos causar um eco durante trilhas nas montanhas, por exemplo. Ao contrário de nós, os caçadores noturnos soltam uma série de ruídos curtos, rápidos – cerca de 100 por segundo. Para os morcegos, o importante é o volume: eles são capazes de emitir sons de até 130 decibéis, que machucariam nossos ouvidos se fossem audíveis para nós (mas ultrassons estão fora da faixa que captamos). Diferentemente de sons de frequência mais baixa, as ondas ultrassônicas são rapidamente engolidas pelo ar, desaparecendo após percorrerem cerca de 100 metros. Mesmo assim, noites de verão costumam ser muito barulhentas em florestas e campos – pelo menos quando se trata de sons com frequências maiores.

Para evitar o reflexo das ondas fracas, ou melhor, para não ser visto, você só precisa que suas cores e estampas se confundam com a paisagem. Para evitar ondas sonoras, é a mesma coisa. Se você fosse uma mariposa, isso significaria refletir o mínimo de som possível. Tente fazer esse experimento na sua próxima trilha pelas montanhas.

Seus gritos para causar ecos são refletidos com muita clareza se as colinas próximas não abrigarem muitas árvores. Caso elas estejam cobertas por árvores, é mais difícil escutar uma "resposta", porque os troncos e as copas engolem o som. Para usar o efeito a seu favor, as mariposas cultivam miniflorestas. Seus corpos parecem peludos, e esses "pelos" garantem que as ondas sonoras não sejam refletidas com força e clareza, desviando-as em direções diferentes para os morcegos não conseguirem entender a localização exata do inseto. Infelizmente, esse desvio é limitado, então elas precisam usar outros recursos para aumentar suas chances de sobrevivência.

Mariposas e morcegos vivem em uma corrida armamentista, e certas espécies de mariposas parecem estar ganhando vantagem. Com o tempo, algumas delas evoluíram para escutar sons em frequências altíssimas. As maiores usadas pelos morcegos durante suas caçadas alcançam cerca de 212 quilohertz. Em contrapartida, a audição humana é incapaz de processar frequências maiores do que 20 quilohertz.

Apesar de a maioria das mariposas conseguir escutar frequências maiores do que nós, muitas não detectam as mesmas que os morcegos. Isso faz com que não escutem a aproximação desses inimigos (as asas dos morcegos mal fazem barulho) e sejam surpreendidas por ataques. Mas nem todas as espécies sofrem desse mal, segundo descobertas de uma das equipes de pesquisa de Hannah Moir, na Universidade de Leeds. As traças-grandes-da-

-cera conseguem escutar sons com extensão de 300 quilohertz – a maior pontuação no reino animal –, apesar de seu ouvido ter uma configuração muito simples: é formado por uma membrana com apenas quatro células receptoras. (Em comparação, há 20 mil células ciliadas que vibram no ouvido humano, além de outras estruturas que convertem o som em sinais neurais.)

Segundo Moir e seus colegas, a audição da mariposa é mais sensível do que seria necessário. Se os morcegos não produzem sons mais altos do que 200 quilohertz, por que as mariposas precisam escutar frequências maiores? Além disso, é bem provável que os gritos dos morcegos permaneçam iguais: sons com frequências mais altas são rapidamente abafados pelo ar ao redor e, portanto, pouco úteis na criação de ecos.

Então por que as traças-grandes-da-cera desenvolveram essa habilidade extraordinária? Os pesquisadores acreditam que as mariposas estão preocupadas com algo bem diferente. Elas se comunicam em frequências altas para encontrar parceiros. Seus chamados de acasalamento pouco espaçados estão dentro do alcance dos sinais de ecolocalização mais espaçados dos morcegos. A configuração simples do seu ouvido permite que elas diferenciem sinais pouco espaçados com mais facilidade e rapidez – seis vezes mais rápido – do que outras espécies de mariposas. (No fim das contas, alguns seres têm uma audição mais sensível do que outros.) Assim, as mariposas podem paquerar em paz, porque conseguem escutar os gritos de ecolocalização do seu maior inimigo com muita clareza e fugir, se precisarem.[2]

Além da traça-grande-da-cera, outras espécies desenvolveram armas contra os morcegos. Algumas mariposas interferem no sistema de ecolocalização do mamífero, emitindo sons ardilosos – cliques na frequência ultrassônica que confundem morcegos próximos. As mariposas praticamente desaparecem na estática do radar dos morcegos. A mariposa-tigre – que faz parte da subfamília *Arctiinae*, conhecida por produzir lagartas peludas na fase das larvas – emite um barulho tão apavorante que faz os morcegos abandonarem a caça, assustados.

Como as mariposas fogem depois de escutar a chegada do inimigo? Os morcegos são muito mais ágeis e se movem com grande facilidade. Resta, então, apenas uma reação básica para se defender do perigo: assim que as mariposas capazes de escutar sons ultrassônicos detectam os barulhos de um predador, elas se jogam no chão, apavoradas. Para os morcegos, é difícil detectar presas na grama. Apesar dessas táticas de defesa, eles fazem a festa à noite. Não faltam mariposas distraídas e mosquitos dando sopa. Os morcegos ingerem o equivalente a metade do seu peso corporal em insetos por noite. (Se eles só jantassem mosquitos, isso significaria cerca de 4 mil mosquitos por morcego.)

Caçadores e presas coexistem em um equilíbrio delicado, que oferece uma chance de sobrevivência aos dois. Porém a luz artificial pode complicar a situação. Como todos sabem, existe apenas uma fonte importante de luz natural à noite: a lua. Os animais se guiam pelo seu brilho. Ela funciona como uma bússola. Quando as mariposas voam em linha reta durante a noite, estabelecem um ângulo para seu mapa de voo, usando o corpo celestial como referência. É um método que funciona muitíssimo bem – até a luz artificial surgir no caminho do pequeno voador.

O inseto acha que a luz vem da lua. Confuso, ele se ajusta para mantê-la do lado certo – por exemplo, à sua esquerda. Com a lua, isso não é um problema, porque ela está a uma distância quase infinita. A luz próxima, por outro lado, logo fica para trás. A fonte de iluminação está às suas costas. Ele começa a corrigir a própria posição e acaba voando em um círculo cada vez menor. Com o tempo, a mariposa bate na luz. Ela tenta escapar, mas sempre acaba fracassando.

Algumas mariposas morrem de cansaço, outras perecem mais depressa. Muitos morcegos começaram a se especializar em patrulhar postes. É mais fácil comer um monte de insetos ali, porque eles só precisam vigiar um poste e esperar a próxima traça se confundir com as luas artificiais. Até janelas de casas acesas à noite podem virar palco de situações dramáticas parecidas, como minha esposa e eu testemunhamos. Enquanto nos sentamos confortavelmente no sofá, assistindo a um filme, mariposas se aglomeram na janela da sala. De vez em quando, morcegos escuros dão um rasante – até todas as mariposas sumirem.

A luz artificial confunde vários outros insetos. Assim como as mariposas, eles se sentem magicamente atraídos por luzes de quintal que deveriam iluminar o ambiente de forma sustentável. Em geral, elas usam energia solar, e isso é um ponto muito positivo, porque significa que são ecologicamente corretas e podem permanecer acesas a noite toda. Várias aranhas adoram essa prática, tecendo suas teias ali. Se a situação se perpetuar, o pequeno ecossistema ao redor das luzes muda, porque algumas espécies desaparecem completamente (indo parar na barriga das aranhas). Uma única luz não faria diferença, mas a situação se complica quando são milhares e milhares – como acontece em áreas urbanas.

No entanto, muito antes de as pessoas começarem a acender coisas, fontes adicionais de luz já existiam na natureza. Em noites quentes de verão, milhares de luzinhas esverdeadas brilham nas margens de florestas e áreas verdes. São vaga-lumes (também chamados de pirilampos), que saem para passear depois que escurece. A força de sua luz é muito menor do que a de uma vela, porém a eficiência com que transformam energia em luz é excepcional. Com os avanços mais modernos da tecnologia, somos capazes de converter 85% de energia em luz; os vaga-lumes convertem 95%. Precisam ser econômicos, porque param de comer na vida adulta – pelo menos na maioria dos casos (existem algumas exceções nojentas, mas já voltaremos a esse assunto).

Na verdade, os vaga-lumes deviam soltar um brilho vermelho, porque o objetivo do seu show noturno é o amor. Na espécie mais comum na Alemanha, a *Lamprohiza splendidula*, as fêmeas ligam suas luzes no chão. Os vaga-lumes são conhecidos também como minhocas brilhantes, isso porque as fêmeas dessa espécie possuem troncos atrofiados em vez de asas e não conseguem voar. Com suas barrigas amarelo-claras salpicadas de luzinhas, elas parecem minhocas luminescentes.

As fêmeas presas ao chão só acendem a luz depois de encontrarem um macho voando. Eles são alados e vagam pela vizinhança em busca de uma companheira. Os últimos dois segmentos do seu corpo são protegidos por uma cobertura transparente de quitina que permite que joguem a luz para baixo. Assim, eles escondem sua presença dos inimigos voando mais alto, ao mesmo tempo que sinalizam "Vejam só como eu sou incrível" para as fêmeas no chão.

Quando uma das desejadas fêmeas recebe a mensagem, ela também acende a luz, convidando o garanhão a aterrissar o mais rápido possível. Então ocorre o acasalamento e a fecundação dos ovos. As larvas que nascem comem bastante. Elas adoram lesmas e atacam espécimes com um peso até 15 vezes maior que o seu.[3] As larvas as matam com uma única mordida e então comem com calma. Elas continuam comendo até quase explodirem e, de barriga cheia, tiram uma soneca. O tempo da digestão depende do tamanho da refeição, porém, a sesta pode durar dias.

Dependendo da espécie, a prole leva cerca de três anos para alcançar a maturidade sexual. Com uma fase larval tão longa, faz ainda mais sentido o apelido de minhoca brilhante. Os luminosos insetos adultos vivem apenas por poucos dias: o macho morre logo depois do acasalamento e a fêmea sobrevive apenas até colocar os ovos. Assim, sua luz é literalmente o último brilho de uma vida que termina em êxtase. Pelo menos quando tudo ocorre como manda o figurino. Infelizmente, na natureza, sempre há um imprevisto.

Há quem tire proveito da luz tranquila que o vaga-lume usa para encontrar o amor. Na Nova Zelândia e na Austrália, insetos do gênero *Arachnocampa* têm larvas que também brilham. Esses vaga-lumes antípodas vivem em cavernas e no meio da floresta tropical, onde se reúnem em grupos no teto ou nas copas de árvores. As larvas precisam de um local escuro e úmido, onde o ar seja parado – condições perfeitas que apenas cavernas e florestas densas oferecem. Elas tecem fios grudentos cobertos com gotículas de um líquido que brilha.[4] O efeito é mágico e essas cavernas se transformaram em atrações turísticas populares. Mas as luzes não chamam atenção apenas de viajantes ricos. Insetos também se interessam por elas, porque confundem as gotas brilhantes com as estrelas no céu. Achando que estão voando ao ar livre, eles ficam presos nos fios grudentos e acabam sendo devorados pelas larvas famintas. Pesquisadores descobriram que quanto mais fome uma larva sente, mais ela brilha.

Um vaga-lume norte-americano do gênero *Photuris* usa uma tática ainda mais ardilosa. Os pirilampos desenvolveram uma variedade de técnicas de luz para chamar atenção. Afinal de contas, existem muitas espécies diferentes e, se todas só brilhassem, seria fácil se confundir na hora de encontrar um companheiro. Portanto, elas usam um tipo de código Morse – brilhos com ritmos e frequências específicos, que atraem insetos da mesma espécie.

O código Morse humano seria primitivo demais para os vaga-lumes: os intervalos e sinais curtos e longos são incapazes de transmitir todas as informações necessárias. Usando até 40 brilhos por segundo com graus variados de força, esses insetos transmitem uma gama muito maior de sinais.[5] Assim, você pode tentar encontrar o amor da sua curta vida dando piscadelas alegres – mas os vaga-lumes do gênero *Photuris* seguem outro método.

As fêmeas desse grupo imitam os sinais de luz de uma espécie diferente para atrair os machos, que seguem empolgados na sua direção. Quando eles aterrissam, em vez de uma aventura amorosa, encontram as mandíbulas ávidas das fêmeas. Elas precisam, além das calorias dos seus corpos, das toxinas, para se proteger de aranhas, que também notam os sinais luminosos e ficam loucas para aceitar o convite para jantar.[6]

Os insetos não são os únicos a utilizar a luz para chamar atenção. Os peixes-pescadores possuem, como insinua seu nome, uma vara de pesca. Ela fica no topo da sua cabeça, segurando uma isca luminescente na altura da boca – uma boca cheia de dentes afiados e finos como agulhas. A luz atrai outros peixes como uma varinha de condão e é fácil imaginar o que acontece durante a visita. Os seres humanos encontram resultados parecidos quando usam luzes para atrair peixes. No Japão, por exemplo, essa técnica é utilizada em grande escala.

A luz é extremamente atraente em terra ou na água. E isso nos leva de volta ao problema dos seres humanos iluminando a noite. Ao olharmos para uma imagem de satélite da Terra à noite, é chocante ver a quantidade de luzes artificiais. Você pode avaliar por conta própria o impacto da iluminação artificial na região onde mora; basta sair de casa depois que escurecer. Em uma noite limpa, você consegue enxergar a Via Láctea? Se não tem nem ideia de como é a Via Láctea, com certeza há luzes artificiais em excesso na sua região, porque a faixa de estrelas é inconfundível em condições favoráveis.

A visibilidade também diminui com a poluição do ar, que deixa as partículas de luz difusas, fazendo com que o número de estrelas possíveis de enxergar a olho nu diminua de cerca de 3 mil para menos de 50. E o brilho delicado dos vaga-lumes é parecido com o de estrelas fracas, não é? Quanto mais luz artificial tivermos no mundo, mais confusão ocorre no reino animal e mais problemas encontram as espécies produtoras de luz.

A confusão pode ser fatal. Tartarugas marinhas recém-nascidas caminham rumo às ondas brilhantes do oceano iluminado pela lua cheia. Assim que saem de seus esconderijos arenosos, seguem rapidamente nessa direção para escapar de predadores famintos. Se a praia estiver perto demais de um calçadão iluminado ou de hotéis, elas terão problemas. As tartaruguinhas se confundem e partem para a luz artificial, se afastando cada vez mais da segurança da água. É assim que muitas amanhecem vítimas de gaivotas ou mortas de cansaço.

Até fenômenos climáticos são abalados graças à claridade de luzes elétricas. Noites limpas costumavam ser muito claras, o que faz sentido, já que nada interferia no brilho da lua e das estrelas. Quando nossos olhos se adaptavam à escuridão, éramos capazes de caminhar pela noite sem problema. Nos dias atuais, é fácil enxergar até em noites nubladas – um clima que antes causava uma escuridão completa –, porque as nuvens refletem a iluminação urbana nos arredores, clareando o céu de um jeito que é prejudicial para animais e pessoas. Ninguém gosta de dormir com a luz acesa.

E sim, você leu certo. A iluminação artificial também faz mal para as pessoas. Temos um relógio interno regulado pela luz. Os comprimentos de onda azuis da luz são muito importantes para nós, porque determinam quando nos sentimos despertos ou cansados. Nossos olhos contêm um fotopigmento chamado melanopsina. Ao detectar luz azul, ele avisa ao cérebro que é dia. Em geral, o sistema funciona muito bem. À noite, no pôr do sol, o espectro da luz muda para vermelho e automaticamente nos sentimos cansados.

Os problemas começam quando assistimos à televisão durante a noite em vez de nos deitarmos na cama, porque as imagens brilhantes na tela contêm muita luz azul. É por isso que tantas pessoas sofrem de distúrbios do sono. Quando ficamos encarando telas, nosso corpo se prepara para agir, não para dormir. Os criadores de smartphones estão tentando melhorar esse cenário, ajustando as cores das telas após determinada hora, para os usuários sentirem sono enquanto navegam na internet e batem papo.

E os animais? Como podemos ajudar as criaturas que não conseguem escapar de tanta luz? Uma forma de melhorar a situação de nossos colegas é fechando persianas e cortinas à noite – um gesto fácil, que diminui a claridade externa. Você também não precisa deixar as luzes externas ligadas a noite toda. Nós temos luzes acionadas por movimento no caminho até o bangalô na reserva, que acendem apenas quando necessário.

A maior fonte da iluminação noturna, no entanto, são os postes. Hoje em dia, a maioria deles irradia um brilho alaranjado que é bem-refletido pelas nuvens, piorando a situação da claridade do céu noturno. Por um tempo, fiquei muito animado quando as antigas lâmpadas brancas fluorescentes foram trocadas pelas modernas lâmpadas de vapor de sódio que economizam energia. Então notei que a parte inferior das nuvens brilhava com um tom cada vez mais vermelho e havia noites em que eu conseguia enxergar as nuvens sobre Bonn, a 40 quilômetros de distância, porém atribuí o aumento na claridade à expansão da cidade, não à mudança nas luzes. E agora? Outra mudança veio com as lâmpadas de LED, que usam ainda menos energia. Se os postes tivessem mais foco – isto é, se apenas iluminassem o chão (onde precisamos da luz) – e desligassem após meia-noite, daríamos grandes passos na direção de uma melhoria.

Apesar da necessidade de grandes mudanças no horário noturno, o céu exibe sinais animadores de progresso no campo da proteção ambiental quando o sol ilumina o dia. No outono, bandos impressionantes de pássaros passam voando para interferir na produção do famoso presunto ibérico da Espanha.

9. A sabotagem da produção do presunto ibérico

Todo ano, fico animado para o outono, ou, para ser mais preciso, fico animado para observar as aves grous. É possível ouvir o canto dos bandos migratórios, que parecem trompetes, a muitos quilômetros de distância. E depois de tantos anos prestando atenção na sua chegada, consigo detectar o som distante mesmo com as janelas da sala fechadas. Nas últimas décadas – graças a regras mais rígidas de proteção ambiental, como a recuperação de pântanos –, o número de grous cresceu tanto que eles saíram da lista de animais ameaçados. Dia após dia, grupos sobrevoam a minha casa na reserva, às vezes tão baixo que escuto o som de suas asas.

Por que os pássaros voam para terras distantes quando as estações mudam? Como encontram o caminho certo? A migração de aves é um fenômeno mundial, adotado por cerca de 50 bilhões de pássaros. Movimentos aéreos em massa acontecem o tempo todo, porque algum lugar do mundo sempre está mudando do verão para o outono, do inverno para a primavera, da época de chuvas para a seca. O clima se transforma, assim como as fontes de alimentos.

Quando o frio começa aqui nas montanhas Eifel, insetos hibernam, dormindo no subsolo ou sob a casca de árvores poderosas. Algumas espécies até se acomodam no calorzinho dos montes de terra criados por formigas-vermelhas. Em seus esconderijos preferidos, os insetos saem do alcance dos pássaros – assim como a maioria dos animais pequenos que as aves caçam, fazendo com que muitas espécies aladas sigam para climas mais quentes e produtivos.

A maioria dos pesquisadores acredita que a necessidade de voar para outros locais junto com a mudança das estações é uma característica genética dos pássaros. Na minha opinião, isso passa a ideia de que eles são robôs biológicos que reagem a códigos programados, incapazes de tomar decisões sobre o local e o momento da migração. E parece que eles são capazes, sim, de acordo com o cientista estoniano Kalev Sepp e seu colega Aivar Leito.

Desde 1999, Sepp e Leito colocaram coleiras com rastreador em vários grous de seu país natal para identificar rotas migratórias. Para sua surpresa, eles descobriram que os pássaros alternavam entre três rotas diferentes ao longo dos anos. Esse é um bom argumento contra a teoria de que as rotas são geneticamente determinadas. Além disso, descarta a ideia de que pássaros mais velhos ensinam o caminho – outra hipótese sugerida por cientistas até então. Sepp conclui que os pássaros provavelmente se reúnem e usam algum método para decidir qual o melhor lugar para procriar e encontrar comida.[1] E assim chegamos ao tema deste capítulo.

Os grous, com seus encontros e reuniões em lugares específicos, realmente sabotam a produção de presunto ibérico. Não é de propósito, claro. Os pássaros não se interessam nem um pouco por porcos. Mas sabem que podem encontrar uma guloseima especial na Espanha e em Portugal: a bolota, o fruto do carvalho – em especial das azinheiras da região de Estremadura, na Espanha, onde há uma enorme quantidade dessas castanhas. Não admira que os grous que sobrevoam minha casa na reserva gostem de passar o inverno nesse paraíso. Lá, eles podem se fortalecer e sobreviver ao frio com a barriga cheia. No entanto, esse tesouro também é cobiçado por outros habitantes de Estremadura. Os fazendeiros locais usam as bolotas para engordar seus porcos.

Estamos falando sobre os famosos porcos criados para a produção do *jamón ibérico de bellota*, ou seja, animais alimentados apenas com bolotas. A maioria dos porcos é criada de forma ecossustentável: eles passam seu tempo vagando pelas florestas de azinheiras e boa parte da sua dieta consiste das plantas herbáceas que encontram pela mata e, principalmente, de bolotas. A mesma coisa acontecia na Europa Central. No outono, os porcos comiam bolotas e castanhas de faias na floresta, para engordar. Naquela época, banha era um ingrediente valioso. Foi nesse período que começaram a usar o termo "ano de castanha" para os anos em que a produção de bolotas era enorme, algo que acontecia em intervalos de três a cinco anos.

Voltemos a Estremadura. As azinheiras eram uma parte importante das florestas ancestrais da Península Ibérica. Ao longo de muitos milhares de anos de história humana, a maioria delas foi dizimada. Espécies diferentes de árvores foram plantadas e a paisagem mudou. Assim, hoje em dia, além das coníferas, há cada vez mais plantações de eucalipto. O eucalipto cresce rápido, bem mais rápido que os carvalhos ancestrais; portanto, são boas árvores para aumentar a produção de madeira.

Essas mudanças foram catastróficas para os ecossistemas nativos. Ambientalistas chamam as plantações de eucalipto, em específico, de desertos verdes. Os óleos essenciais das árvores (que têm um gosto tão refrescante em pastilhas para a garganta) são responsáveis pelo aumento expressivo de incêndios florestais. Hoje eles acontecem com frequência no sul da Europa, mas nem sempre foi assim. As florestas naturais de árvores caducifólias não pegam fogo sozinhas e queimadas não faziam parte do ecossistema dessas latitudes.

Essas mudanças fazem com que as azinheiras restantes sejam ainda mais importantes, mesmo que tenham parado de crescer naturalmente e precisem da ajuda dos fazendeiros no início. O objetivo deles não é a produção de madeira, mas de bolotas para seus porcos. E é aí que os grous entram na história. O fato de os pássaros comerem bolotas não incomoda os fazendeiros. O problema é a quantidade de pássaros. Nas últimas décadas, o aumento foi expressivo, o que é uma boa notícia. De acordo com o World Wildlife Fund, havia apenas 600 casais reprodutivos na Alemanha na década de 1960. Desde então, o total aumentou para mais de 8 mil. Ao longo do seu território total, que inclui áreas no norte da Europa e em boa parte do norte da Ásia, estima-se uma população de 300 mil grous. E um número cada vez maior deles segue para a Espanha.

Sem dúvida, o aumento da quantidade de pássaros faz com que sobre menos comida para os porcos, afetando a produção do presunto. É um dilema. A criação dos porcos incentiva as pessoas a preservar as florestas de carvalho e isso, por sua vez, oferece uma fonte de alimento importante para os grous no inverno. Se os criadores perderem espaço, pelo menos parte do motivo para a preservação dessas árvores cai por terra.

Existe alguma solução para o problema? Acho que sim e é algo que parece simples: o aumento de árvores caducifólias na Espanha e em Portugal ajudaria a todos. É fato que carvalhos não crescem tão rápido quanto eucaliptos ou pinheiros e sua manutenção em escala industrial é mais complexa. No entanto, eles produzem uma madeira muito procurada e oferecem o alimento que os fazendeiros querem dar para os porcos, inexistentes em outras árvores. Além disso, se o cultivo de carvalhos aumentasse, o risco de incêndios florestais diminuiria muito e o ecossistema voltaria a atrair outras espécies. (Nós nem falamos sobre os esquilos, gaios e milhares de outros animais e plantas que dependem de florestas de carvalhos.)

É claro que, em uma democracia, ninguém pode simplesmente decretar o aumento do tamanho das florestas, mas subsídios (um método de que não gosto, no geral) podem ser a solução neste caso. A pecuária intensiva ganha muitos incentivos do governo; acho que seria fácil tomar uma atitude para promover a coexistência pacífica entre os criadores de porcos e os grous. Afinal, o ecossistema não está sendo sobrecarregado pelos pássaros. A gravidade do problema é causada pela falta de florestas de carvalho. E se, um dia, tivéssemos uma quantidade muito maior de azinheiras? A população de grous se multiplicaria? Não. O número de grous depende do tamanho da área que oferece locais adequados para sua reprodução. E, infelizmente, há cada vez menos pântanos na Europa, o que significa que sua população vai acabar se estabilizando.

Se nós fôssemos um pouco mais contidos com as nossas exigências, haveria espaço suficiente para as outras criaturas. Nesse sentido, os grous são bons embaixadores do meio ambiente e espero que eles permaneçam por perto e em grande quantidade por muito tempo, com seus voos barulhentos e cantos de trompete para nos lembrar de como o movimento de preservação ambiental começou.

Mas o que devemos fazer até as florestas de carvalho se expandirem? Não podemos simplesmente alimentar os grous enquanto esperamos? Essa é uma questão básica sobre como ajudar nossos amigos alados, e tem mais a ver com as nossas emoções do que com a ciência. Nós sentimos pena dos pássaros no inverno, não é? Quando eles não voam para climas quentes ao Sul, ficam aboletados nos galhos de arbustos e árvores, congelando, inflados feito bolas emplumadas e gordas, enquanto observamos da janela de nossas casas com sistema de calefação. Eles, assim como nós, têm sangue quente, e precisam manter o corpo aquecido. Para os pássaros, isso significa uma temperatura corporal entre 38ºC e 42ºC – bem maior que a nossa.

Por sorte, a natureza os equipou com uma roupa – um confortável casaco de plumas – que ajuda a conter o calor. Casacos de inverno são recheados de penas por um motivo: elas são excelentes isolantes térmicos. Quando os pássaros inflam a penugem, criam uma camada grossa de ar no meio, e o formato esférico que ganham faz com que a superfície do seu corpo fique menor em comparação com o volume geral. Eles também têm um mecanismo de resfriamento para as pernas: o sangue que flui para as patas cede calor para o sangue que sobe de volta, levando a temperatura dessas extremidades expostas para quase 0ºC – é por isso que aves aquáticas não sentem dor quando nadam em lagoas congeladas.

Apesar dessas adaptações, quanto menor o animal, maior a superfície do seu corpo em relação ao seu volume. Assim, por quilo, um urso tem bem menos pele do que um pássaro pequeno; portanto, por quilo, ele também perde menos calor. Isso significa que pássaros pequeninos – por exemplo, o estrelinha-de-poupa, que pesa apenas 5 gramas – têm uma dificuldade enorme em produzir energia suficiente na forma de calor. Falando nisso, o canto delicado do estrelinha-de-poupa é uma ótima maneira de verificar sua audição. Ele usa uma frequência tão alta que pessoas com mais de 50 anos não a escutam de forma alguma. (Eu quase não consigo mais.) Infelizmente, a voz do passarinho não o aquece, e o pequeno cantor precisa encontrar uma maneira de recuperar a energia que perde através da pele e das penas para não morrer congelado – em resumo, isso significa comer o tempo todo.

Enquanto os ursos dormem em seus confortáveis abrigos de inverno, o grupo dos chapins, piscos-de-peito-ruivo e outros constantemente buscam por calorias. Pena que é difícil encontrar o suficiente para todos. Besouros e moscas se recolhem para o fundo das folhas em decomposição no solo da floresta ou dormem nas florestas mortas de árvores derrubadas. Frutas e sementes estão enterradas sob a neve ou já foram comidas. É por isso que tantos pássaros morrem de fome, muitos no primeiro ano de vida. Na Europa, os piscos vivem, em média, 12 meses, apesar de serem capazes de sobreviver por cerca de quatro anos – se tiverem comida suficiente.

Ao ver uma bolinha emplumada parada no seu quintal gélido, você não fica com pena e tem vontade de ajudar? Nos primeiros 15 anos em que moramos na casa da reserva em Hümmel, fui muito rígido. Alimentar passarinhos é uma interferência, alterando seu acesso à comida de um jeito que não é natural. Quando instalamos um comedouro e oferecemos grãos e gordura, estimulamos a população de espécies específicas de pássaros. Os mais jovens sobrevivem ao inverno, e, na primavera seguinte, a espécie apresenta um grande aumento populacional – às custas de outras que talvez não vieram até o comedouro. Há também o fato de que a natureza ajusta perfeitamente as taxas de reprodução com as de mortalidade no inverno. Espécies que sofrem mais perdas durante a estação colocam mais ovos e acasalam mais de uma vez por temporada.

Então nós podemos interferir? Por anos, eu me recusei, apesar dos pedidos dos meus filhos. Olhando em retrospecto, me arrependo dessa decisão. Há cerca de 10 anos, cedi e construí um comedouro para pássaros. Eu o coloquei na frente da janela da cozinha, para começarmos nossa observação durante o café da manhã. Minha esposa, Miriam, e as crianças ficaram encantadas.

Um telescópio e um guia de espécies de pássaros logo foram posicionados perto da janela.

O momento mais impressionante surgiu quando um convidado inesperado chegou: um pica-pau-malhado-médio. Adoro essa ave, porque ela é associada a florestas ancestrais de caducifólias. Seu habitat está ameaçado, já que ela só se sente à vontade em florestas de faias estabelecidas há muito tempo. Um dos motivos para isso parece bem simples: a casca das faias com menos de 200 anos é lisa. Elas desenvolvem rugas e dobras com o tempo, como pessoas idosas – e são nelas que os pica-paus apoiam as patas. Essa espécie de pica-pau-malhado também não gosta de construir buracos para as ninhadas. Talvez, ao contrário dos seus amigos, as bicadas na madeira lhe causem dor de cabeça.

Independentemente do motivo, essa ave usa os buracos cavados por outras espécies ou, na pior das hipóteses, se precisar colocar as mãos na massa (ou melhor, o bico), ela escolhe troncos podres, com a madeira macia. E esse pica-pau raro, tímido, agora aparecia no meu comedouro. Até então, eu achava que minha reserva não abrigava pica-paus-malhados e fiquei alegre em dobro: primeiro pelo pássaro, depois pela floresta. A presença dessa espécie é um selo de aprovação ambiental – que eu ganhei de repente. É claro que, desde então, aguardo ansiosamente pela visita desses embaixadores especiais da mata – e eles aparecem com frequência, porque são uma das poucas espécies que permanecem no seu território mesmo no inverno.

Apesar da alegria de experiências como essa, será que alimentar pássaros no inverno é mesmo benéfico sob uma perspectiva ecológica? Porque isso muda as regras do mundo das aves. Uma das equipes de pesquisa de Gregor Rolshausen na Universidade de Freiburg demonstrou o quanto. Foram analisados dois grupos diferentes de toutinegra-de-cabeça-preta. Os pássaros têm o mesmo tamanho que os chapins e são fáceis de identificar. Sua penugem é cinza, com um tom diferente na cabeça: preto para os machos e marrom para as fêmeas. Eles passam o verão na Alemanha e voam para locais quentes no outono, como a Espanha. Lá, sua dieta é composta por frutas, incluindo azeitonas. Na década de 1960, eles passaram a usar uma segunda rota migratória para o norte do Reino Unido. Isso aconteceu porque os britânicos adoram pássaros e alimentam tão bem as aves no país que elas não querem mais voar para o sul. As rotas migratórias para a ilha são bem mais curtas do que para a Espanha.

Comida de passarinho e azeitonas são tão diferentes que o formato original do bico dos pássaros não é o ideal para esse novo alimento. Portanto, ao longo das últimas décadas, a população de toutinegras-de-cabeça-preta que voam para o Reino Unido começou a mudar – visual e geneticamente. Seus bicos se tornaram mais estreitos e compridos, e suas asas, mais arredondadas e curtas. As duas novidades são adaptações à vida no comedouro, porque os bicos diferentes facilitam a captura de sementes e gordura. As asas não são mais adaptadas a voos longos, mas melhoram a maleabilidade dos pássaros para trajetos rápidos. E como raramente ocorrem acasalamentos entre essa população e a que voa para o sul, uma nova espécie está surgindo aos poucos por causa da alimentação oferecida por seres humanos no inverno.

Essa é uma interferência enorme na natureza, mas seus efeitos são negativos? Podemos encarar o surgimento de uma nova espécie como algo animador. Afinal, o aumento de tipos de animais em um ecossistema sempre é uma vitória, e, nesse caso, a nova espécie significa que os pássaros se adaptaram a um ambiente diferente. No entanto, a situação poderia se tornar um problema se a espécie alterada acasalasse com a original, pois transformaria tanto o genótipo que a forma inicial da toutinegra-de-cabeça--preta poderia ser extinta.[2]

Esse tipo de mudança pode ser observado em muitas plantas manipuladas por culturas, incluindo árvores frutíferas. Quase não restam maçãs ou peras selvagens geneticamente puras; talvez elas estejam desaparecendo para sempre. O motivo é a relação entre pessoas e frutas, que existe há milhares de anos e é mesclada com a história da produção frutífera. Como as abelhas não diferenciam as flores que polinizam, transportam o pólen das árvores frutíferas alteradas por pessoas até as flores de suas colegas selvagens. O material genético das duas se mistura, mudando a prole das árvores selvagens no processo. Elas vão acabar sendo dizimadas pelos insetos polinizadores e todas as árvores se tornarão híbridas. Isso é importante? Não sabemos, mas perderemos algo impossível de recuperar. Isso também acontece no mundo animal. Um auroque nos observa através dos olhos de todas as vacas, mas de muito longe – no sentido genético. Apesar de ser impossível ressuscitar os auroques na sua forma pura, o gado Heck – que foi criado para ter pelo menos uma semelhança visual com os auroques – agora pasta em algumas reservas ambientais da Alemanha.

Há motivos completamente diferentes para alimentarmos pássaros, é claro, e quero voltar à questão das emoções. O pica-pau--malhado-médio não foi o único a me mostrar quanta alegria os pássaros nos trazem. Isso também aconteceu com o corvo sobre o qual falei em *A vida secreta dos animais*. O corvo aparece apenas no inverno e só quer saber de comida. Nossas éguas, Zipy e Bridgi, passam o ano inteiro no pasto, porque o ar fresco faz bem para sua saúde. Elas estão velhinhas agora e recebem um punhado de grãos todos os dias para não perderem muito peso.

O corvo tinha o hábito de comer as sementes não digeridas em suas fezes, algo que eu achava meio nojento.

Faz alguns anos que minha esposa e eu colocamos alguns grãos sobre a cerca em que amarramos as éguas, para o corvo tomar um café da manhã mais higiênico. Nem me toquei que ele se comunicava com a gente de forma não verbal. Um dia, o corvo passou voando por mim com uma bolota no bico e a escondeu na grama. Quando percebeu que eu estava vendo, ele a pegou de volta e voou um pouco mais para longe, para enterrar a castanha longe da minha vista. Depois disso, voltou para coletar sua porção matinal de grãos. Quando contei a história à mesa do café da manhã, meus filhos sugeriram que eu a incluísse no meu livro sobre animais.

Seria de se esperar que eu prestasse mais atenção no comportamento do pássaro depois disso, mas, infelizmente, não foi o caso. Então não entendi quando o corvo nos deixou um presente. Só me dei conta do que ele estava fazendo quando Jane Billinghurst entrou em contato comigo. Ela já havia traduzido *A vida secreta das árvores* para o inglês e agora fazia o mesmo com *A vida secreta dos animais*. Para tornar meu texto mais compreensível para os leitores falantes do inglês, nós trocávamos parte das referências alemãs por obras parecidas publicadas em inglês. Entre suas sugestões sobre a questão da gratidão (e como os animais a expressam), Jane sugeriu uma matéria da BBC sobre algo que aconteceu em Seattle.

Era a história de uma menina chamada Gabi. Quando Gabi tinha 4 anos, ela deixava um pouco de comida cair no chão sem querer enquanto fazia suas refeições do lado de fora da casa. Corvos logo apareciam para capturar esses presentes inesperados. Com o tempo, Gabi passou a dividir o conteúdo da sua lancheira da escola com os pássaros, porque gostava deles. Por fim, começou a deixar comida para os animais. Ela arrumava recipientes com castanhas, oferecia água e espalhava ração de cachorro pela grama. Esse foi o momento em que a relação entre Gabi e os corvos mudou, porque eles começaram a trazer presentes para ela também. Eles vinham com pedacinhos de vidro e de ossos, pedrinhas ou pregos. Os presentes eram deixados nos recipientes vazios, depois que eles acabavam de comer. Com o tempo, Gabi juntou uma coleção surpreendente.[3]

Fiquei comovido com a história e imediatamente concordei em citá-la como exemplo de gratidão animal na América do Norte. Depois disso, quando minha esposa e eu fomos alimentar as éguas (estávamos em dezembro), notamos uma pequena maçã sobre a cerca. Foi a primeira vez que compreendemos o que estava acontecendo. Fazia anos que o corvo deixava presentes para nós; só não entendíamos que o corvo fazia isso. Nós frequentemente ficávamos confusos com as frutas, pedras ou, às vezes, pedaços de rato que encontrávamos no mesmo lugar onde deixávamos a comida, mas nunca imaginamos que fossem presentes. Olhando em retrospecto, ficamos tristes por não termos percebido antes que o corvo tentava se comunicar, mas agora sempre é uma alegria quando ele nos deixa alguma lembrancinha.

Assim, mais uma vez: é ruim alimentar pássaros em comedouros? Ao fazer isso, não estamos interferindo em processos naturais? Sem a nossa ajuda, talvez o corvo tivesse morrido de fome há muitos anos e outro corvo ou outra espécie de pássaro poderia ter ocupado o vazio que ele deixaria no ecossistema. Nós já falamos sobre os prós e os contras do impacto direto no meio ambiente, mas não discutimos outro aspecto: a empatia. A empatia é uma das maiores forças da preservação ambiental e é capaz de produzir mais avanços do que qualquer lei ou regra. Pense nas campanhas contra a caça de baleias ou a matança de filhotes de foca – a indignação pública só aconteceu porque sentimos empatia pelos animais. E quanto mais próximos são os animais, mais empatia sentimos.

E digo isso de forma literal. É por esse motivo que não sou contra zoológicos, contanto que os animais sejam cuidados de acordo com as necessidades de sua espécie. As pessoas que têm experiências próximas com animais sentem uma conexão maior com eles e tomam mais atitudes para protegê-los. É por isso que sou contra a lei que proíbe pessoas físicas (pelo menos na Alemanha) de terem animais selvagens. Quando se trata de espécies que não estão ameaçadas de extinção, haveria mais vantagens do que desvantagens nessa prática. As experiências que acabei de descrever fariam qualquer um parar de xingar as pegas no seu jardim ou de apoiar caças de corvos. Sem dúvida, alguns poucos animais acabarão morrendo pelo excesso de amor, porque seus donos não cuidarão deles do jeito certo, mas, no fim das contas, a melhor forma de proteger a natureza é garantindo que as pessoas convivam com ela.

Inclusive, quero dar uma dica. Além de comida, os pássaros também precisam de água no inverno. Um pouquinho de água fresca em um pires pode ser até mais útil do que ração. Vemos isso na tina de água das nossas éguas. Elas passam o tempo todo no pasto, até nos dias mais frios. Preciso deixar claro que as duas preferem isso a ficar dentro de um estábulo quente. De toda forma, a água é um problema, porque a tina congela o tempo todo. A única solução são baldes de água morna que levamos até lá em um carrinho de mão ou em nosso quadriciclo. De vez em quando, vemos o corvo e seus amigos tomando goles da água limpa e fresca na tina depois de comerem seus grãos.

Quando se trata de outros animais, no entanto, nem sempre é uma boa ideia alimentá-los durante o inverno, porque isso pode prejudicar o ecossistema inteiro. A explicação sobre como isso acontece e por que as árvores nunca mais vão se livrar dos javalis não caberia neste capítulo. Então vamos começar um novo.

10. Como as minhocas controlam os javalis

Já ouvi falar que invernos amenos causam ataques de moscas ou infestações catastróficas de besouros escotilíneos. Em um capítulo anterior, expliquei que o aumento na população de besouros escotilíneos geralmente é causado por extrações comerciais em florestas, mas acho que vale a pena dar mais uma olhada no impacto do inverno na natureza. Invernos rigorosos são caracterizados por semanas de geadas intensas e pelo menos certa camada de neve. Tudo congela. Os primeiros centímetros do solo viram uma pedra de gelo. A vida no frio não é para qualquer um.

Vamos começar pela maneira como o inverno afeta animais pequenos. Os insetos aplicam as leis da natureza a seu favor para não congelarem. Eles usam os açúcares que produzem para criar uma espécie de substância anticongelante e removem os fluidos do seu aparelho digestivo, porque quantidades pequenas de água só congelam em temperaturas bem abaixo de 0°C. Cinco microlitros de água, por exemplo, só formam cristais ao alcançarem -18°C. Apesar disso, os besouros escotilíneos mais jovens lutam para sobreviver. Se ficar frio por tempo demais, as larvas fazem a passagem para o céu dos insetos antes de chegarem à primavera. Elas não morrem porque são incapazes de sobreviver ao frio, mas porque entrou água por sua boca ou aparelho respiratório. Apesar de os fluidos dentro das larvas estarem protegidos das temperaturas congelantes, a água que entra no seu corpo congela imediatamente durante quedas na temperatura. É por isso que as pequeninas sobrevivem bem quando uma camada grossa de neve as isola do excesso de frio. Os besouros escotilíneos adultos não têm esse problema (eles conseguem sobreviver até -30ºC), então evitam se reproduzir no outono.

Os invernos amenos também são um desastre para a ninhada, porque indicam umidade. Pense um pouco. Que tipo de clima você prefere para sair por aí? Uma temperatura quase negativa na chuva, ou uma temperatura negativa no sol? Eu escolheria a última opção. Se a temperatura está negativa, você geralmente consegue permanecer seco, o que significa que é mais fácil se aquecer. Os fungos apaixonados por umidade voltam à atividade acima dos 5ºC. Eles passam por cima dos sonhadores insetos hibernantes e os devoram enquanto dormem.

Enquanto os besouros escotilíneos hibernam quietinhos, esperando pela primavera, a maioria dos mamíferos permanece acordada e ativa no inverno, o que significa que precisam comer o tempo todo para manter a temperatura corporal. Assim, sua situação é parecida com a dos pássaros. Nós não deveríamos ter pena dos nossos amigos de quatro patas também? Deveríamos dar comida para eles? Nós já fazemos isso – pelo menos com algumas espécies. Talvez você já tenha visto um comedouro com forragem na floresta? Ou algumas caixas de madeira com milho? Essa comida deveria ajudar corços, cervos-vermelhos e javalis a sobreviver durante o inverno. Também sabemos que essa suplementação alimentar não é fruto de um ato altruísta. A comida só é oferecida para animais cujos chifres ou dentes dariam belos troféus de caça. Ninguém pensa em animais como raposas ou esquilos. Porém isso não é necessário, já que eles estão bem adaptados ao clima e desenvolveram estratégias próprias para sobreviver aos meses frios de inverno.

Enquanto os esquilos acumulam comida e dormem muito durante o inverno, os cervos desenvolveram uma estratégia diferente: eles regulam a temperatura corporal enquanto passam os meses gelados do ano de pé, cochilando entre a vegetação. Pesquisadores da Universidade de Viena descobriram que os cervos são capazes de diminuir a temperatura subcutânea para até 15°C, a fim de economizar energia – uma façanha incrível para um animal grande e de sangue quente. De acordo com o líder do projeto, Walter Arnold, a estratégia é parecida com a hibernação.[1] Ao usar esse método de economia de energia, os cervos conseguem fazer as reservas de gordura que acumularam durante o outono durarem até a próxima primavera. Apenas os animais fracos ou doentes morrem de fome, uma forma natural de garantir a saúde genética da espécie.

Indiretamente, a alimentação de animais durante o inverno pode levar à fome, ainda mais se tratando dos cervos-vermelhos. Isso aconteceu na Alemanha, no inverno de 2012-2013, quando o país inteiro passou por nevascas pesadas. No distrito de Ahrweiler, onde moro, a população de cervos tinha aumentado tanto que eles tropeçavam uns nos outros na floresta. Os animais famintos apareciam em estábulos de fazendas e comiam a ração das vacas. Um colega até me mandou uma foto de um cervo lanchando em um comedouro de pássaros. É claro que os caçadores locais começaram a solicitar permissões para alimentá-los. Até visitaram escolas para incentivar a comoção pelos animais e ganhar apoio para influenciar políticos.

Muitos cervos foram encontrados mortos e isso acirrou o debate: Nós teríamos coragem de deixar que esses nobres animais morressem? Porém os veterinários fizeram uma descoberta surpreendente ao examinarem os animais. A barriga das vítimas estava cheia de comida, levando à conclusão de que a causa da morte não havia sido fome. Também encontraram uma quantidade enorme de parasitas no intestino e estômago, os verdadeiros responsáveis pelo destino dos cervos.[2] Com o aumento da população animal, eles tinham mais contato uns com os outros e com fezes contaminadas, aumentando a disseminação de parasitas. Depois de ingeridos, eram eles, e não os cervos, que se beneficiavam dos nutrientes no sistema digestivo dos hospedeiros, enfraquecendo e matando muitos cervos, apesar da grande oferta de comida – os cervos morreram de fome como uma consequência indireta do programa de alimentação.

Mas os caçadores não mudaram de opinião, mesmo sabendo disso. Para eles, o ideal era ter o máximo de animais herbívoros possível, porque isso significava que sempre encontrariam algo à noite, quando se empoleiravam em seus esconderijos de caça. A superpopulação, no entanto, causa estresse, porque os cervos brigam por territórios, levando à perda de peso e, especialmente nos corços, chifres menores. Essa foi uma consequência acidental, porque os caçadores querem muitos animais saudáveis com chifres enormes como troféus. Sem aceitar o que realmente está acontecendo, os caçadores alemães continuam tentando engordar as criaturas fracas, piorando a situação. E alimentar cervos sai caro.

O jornal *Ökojagd* usou relatórios dos caçadores para estimar a quantidade de comida oferecida aos animais. Eles calcularam um total de 12,5 quilos de milho por quilo de animais abatidos.[3] É mais comida do que a indústria da carne usa em sua produção. E, seguindo as leis da natureza, a comida é imediatamente convertida em reprodução, então o número de animais sobe vertiginosamente. O resultado são javalis em vinhedos, quintais e até na Alexanderplatz, a grande praça no centro de Berlim, porque a floresta está se tornando pequena demais para os animais que a habitam.

As intervenções dos caçadores no delicado equilíbrio da natureza criam mais perdedores: as árvores. Ao longo de milhões de anos, as árvores desenvolveram uma estratégia perfeita para manter grandes herbívoros afastados. Só que ela não funciona quando os animais recebem comida.

As duas árvores nativas mais importantes da Alemanha, a faia e o carvalho, produzem sementes muito grandes. O fruto da faia pesa apenas meio grama, mas isso é bastante para a semente de uma árvore de floresta. O dos abetos – uma fonte de alimento importante para esquilos, ratos e muitos pássaros – pesa 0,02 grama, a 25ª parte do peso da semente das faias, e continua sendo muito atraente para os animais mesmo assim. Podemos chamar o fruto das faias de bomba calórica, em parte por causa do seu tamanho, mas também porque são constituídos de quase 50% de gordura. As bolotas são ainda mais pesadas, com uma média de 4 gramas. O teor de gordura delas é de apenas 3%, mas o de carboidratos é de 50%, tornando-as o grande prêmio da loteria da comida de inverno.[4]

Essa loteria é sorteada em ciclos de três a cinco anos. Nos anos de escassez, muitos animais passam forme e é exatamente por isso que faias e carvalhos não produzem frutos todos os anos. O intervalo garante que as populações de javalis, corços, cervos-vermelhos, pássaros e hordas de insetos famintos não se tornem dependentes de sua safra.

Os javalis são especialmente bons em achar essas sementes concorridas e há anos em que comem todas as disponíveis pelo chão da floresta. Suas populações triplicam rápido e, um ano depois, bandos grandes de jovens porcos pisoteiam as folhas de outono, revirando cada galho, pedra e tronco apodrecido. Na primavera, os brotos de faias e carvalhos não nascem. Se essa dinâmica persiste por décadas, as florestas começam a envelhecer.

Quando uma árvore centenária morre, gramíneas e arbustos crescem na clareia que se abre ao seu redor, gradualmente criando um pequeno prado gramado que passa a ser visitado por herbívoros em busca de brotos de árvores. As árvores, no entanto, sabem como evitar essa situação e uma forma de frear a formação de campos é manter longos intervalos entre os períodos de florescimento, para reduzir a quantidade de animais na área. E não é só isso. De que adiantaria algumas árvores tirarem férias enquanto outras continuam cheias de frutos? Os javalis ficam com fome apenas quando as sementes nutritivas desaparecem por alguns anos.

Assim, as árvores seguem uma estratégia de florescimento comunitário, englobando todas da mesma espécie. Não basta, por exemplo, um grupo de faias chegar a um acordo através de suas conexões subterrâneas de raízes e fungos. Essa forma de comunicação funciona bem (e, supreendentemente, parte dela ocorre por impulsos elétricos), porém a "*wood wide web*" não alcança distâncias longas o suficiente para esse propósito específico, porque os javalis conseguem se deslocar para longe e encontrar outro grupo de árvores a 10 ou 20 quilômetros de distância. Portanto, as árvores precisam alcançar esse consenso por longas distâncias, e, neste caso, isso significa centenas de quilômetros. Ainda não sabemos como isso funciona, mas o importante é que, com exceção de algumas rebeldes, todas as árvores em grandes áreas sincronizam o período em que formam frutos e quando dão um tempo da reprodução.

Na Alemanha, a estratégia das árvores caducifólias está sendo completamente dilacerada por caçadores. Eles alimentam os javalis durante o ano todo, não apenas no inverno, acabando com a escassez de comida planejada pelas faias e pelos carvalhos. Como parte do seu trabalho, os engenheiros florestais em Baden-Württemberg examinaram o conteúdo no estômago de javalis abatidos. Eles descobriram que, em média, ao longo do ano, 37% da comida que os animais comem vem de seres humanos. No inverno, essa porcentagem aumenta para 41%, algo muito perigoso para os javalis,[5] porque a floresta fica basicamente sem comida por todos os meses frios de todos os anos, com exceção dos que têm fartura de sementes – e o estômago dos javalis deveria seguir o mesmo ciclo. Sem a intervenção dos caçadores, muitos morreriam de fome e a população voltaria a se adequar à capacidade do habitat. Mas não é isso que acontece quando eles nunca precisam se adaptar a períodos de escassez. Os javalis podem comer sempre que quiserem em um dos milhares de comedouros espalhados pela mata, aumentando suas taxas de reprodução. A Associação de Caça Ecológica da Alemanha (ÖJV) calculou o que isso significa em termos concretos para animais individuais: em casos extremos nas montanhas Westerwald, são até 780 quilos de comida por animal abatido.[6]

Os caçadores tentam esconder as causas verdadeiras para o aumento nas populações. Colocam a culpa nos fazendeiros e nos seus campos de milho paradisíacos para os animais. Falam que a mudança climática, que causa invernos mais quentes, favorece a reprodução. Dizem que caçadores pararam de alimentar animais silvestres, porque a prática é proibida na maioria dos lugares, pelo menos quando se trata de javalis. Isso é verdade, porque a palavra "comida" foi substituída por "isca". Estamos falando de uma pequena quantidade de ração de milho depositada em uma clareira para atrair animais para dentro dos limites dos campos de caça, onde são abatidos. Assim, de acordo com a versão deles, as iscas colaboram para a redução da população selvagem, não para o aumento. No entanto, há tantas iscas espalhadas que a população de javalis aumenta mais rápido do que é abatida; consequentemente, as iscas não apresentam o resultado declarado e a situação está saindo de controle. Isso sem mencionar que, na maioria dos distritos, a alimentação ilegal continua com força total.

Na floresta, geralmente em locais escondidos, é oferecido praticamente tudo que os porcos selvagens acham gostoso. No começo da minha carreira, encontrei montanhas de bulbos de tulipas em uma clareira. Era nítido que elas não estavam em condições de serem comercializadas e, portanto, foram descartadas. Os caçadores locais devem ter pensado "Por que não tirar proveito de uma situação ruim?" e transportaram a carga para a floresta. Os javalis parecem ter gostado, porque os bulbos desapareceram em poucas semanas.

Maçãs pequenas ou leves demais para os padrões da União Europeia ou que não têm a aparência desejada também são descartadas como comida para animais selvagens. Uma conhecida me contou que pessoas com licença de caça em seu vilarejo certa vez espalharam toneladas de pralinês que pareciam deliciosas e frescas. Os caçadores estavam se comportando da mesma maneira que donos de grandes restaurantes décadas atrás, quando era normal manter um celeiro cheio de porcos para processar restos e reciclar sobras de ensopado de frango, batatas assadas ou porco e feijão em carne fresca. A ideia é a mesma quando alimentamos animais selvagens na floresta. A única diferença é o chiqueiro, que é muito maior e feito de árvores.

Enquanto isso, os relacionamentos que existiam nas florestas ancestrais foram completamente abalados por agentes florestais e caçadores. Antes, havia pouquíssimos corços por quilômetro quadrado, mas agora há uma média de 50. Como cervos-vermelhos são animais de planície, eles quase não eram encontrados na floresta; o mesmo valia para os javalis. Atualmente, há cerca de 10 cervos-vermelhos e 10 javalis por quilômetro quadrado em muitas florestas, o que significa uma multidão. As matas da Europa Central estão abarrotadas, e isso causa um quentinho no coração de todos os caçadores.

Com as multidões de animais acabando com a próxima geração de árvores, nossas caducifólias têm chance de sobreviver? Não podemos desanimar. Por sorte, é só uma questão de tempo até a situação melhorar. Para começo de conversa, temos os lobos, que estão lentamente voltando para a Europa para colocar as coisas nos eixos, como aconteceu em Yellowstone. Depois, as árvores têm aliados secretos. Surpreendentemente, um deles é uma criatura que vive na terra: as minhocas são muito perigosas para os javalis. Minhocas? Elas não vivem tranquilas em seus túneis, comendo folhas caídas e transformando-as em húmus? Pois é, mas são perigosas para os javalis mesmo assim. (Isso vale para a Europa Central, onde elas são uma espécie nativa. As minhocas foram erradicadas de muitas florestas na América do Norte na última Era do Gelo e espécies diferentes de decompositores evoluíram para reciclar os detritos da floresta.)

Porém, na Europa, onde os javalis avançam pelo solo macio com seus focinhos achatados em busca de carne, uma das melhores fontes de comida são as minhocas. Podem existir até 300 toneladas delas por quilômetro quadrado.[7] Em comparação, o peso de todos os mamíferos grandes que vivem em uma área de mesmo tamanho (corços, cervos-vermelhos, javalis) totaliza um terço disso. Aliás, em caso de uma emergência, seria muito melhor cavarmos a terra em busca de minhocas do que sairmos caçando.

Vamos voltar aos porcos. Eles comem minhocas, que são inofensivas por si só. Porém, ao fazer isso, os javalis também ingerem convidados indesejados. São as larvas de vermes do pulmão, que se desenvolvem dentro das minhocas enquanto esperam por um hospedeiro adequado para a fase final da sua vida. Esse hospedeiro – e agora voltamos de novo à emergência que mencionei – poderia ser uma pessoa. Isso significa que, caso você precise comer minhocas, deve cozinhá-las bem antes. Se um javali ingerir essas larvas, elas entram em sua corrente sanguínea e vão parar nos seus pulmões. Lá, os vermes se acomodam nos brônquios do javali, onde amadurecem para a fase adulta, causando inchaço e sangramento. Então os javalis excretam os ovos, que são ingeridos pelas minhocas e o ciclo está completo.

Como seu sistema respiratório enfraquece, os javalis eriçados se tornam suscetíveis a um esquadrão de outras doenças e o risco de mortalidade aumenta, especialmente entre os filhotes. Quanto mais javalis existirem, mais minhocas carregam larvas de vermes, o que, por sua vez, significa mais javalis infectados. A situação vai piorando até que, em algum momento, a população de porcos selvagens despenca. (Menos animais = menos ovos excretados = pouquíssimas minhocas infectadas.) Os vermes do pulmão, portanto, regulam a população de javalis, mas eles não são os únicos adversários com quem os porcos selvagens precisam se preocupar.

Um exército de agentes patogênicos está de olho nos javalis, incluindo uma série de vírus. Vírus são impressionantes, mas o que exatamente são eles? Cientistas não os incluem entre as espécies de seres vivos na Terra, porque eles não têm células, não são capazes de reproduzir ou se metabolizarem por conta própria. Não passam de um invólucro que contém uma receita para multiplicação. Em resumo, estão mortos. Ou, pelo menos, estão mortos contanto que não se prendam a um animal ou planta. Depois que eles fazem essa conexão, sua receita é transferida para o organismo hospedeiro, forçando-o a criar milhões de cópias do vírus. No processo, erros sempre acontecem, porque os vírus, ao contrário das células, não têm mecanismos programados para consertar problemas.

Vários erros significam muitas transformações no vírus. O fato de muitas delas serem inofensivas não faz diferença, porque sempre existe algo útil no meio do lixo. É assim que os vírus se adaptam rapidamente a novas condições e conseguem atacar seus hospedeiros de forma mais eficiente. Novas mutações, em especial, têm mais potencial para matar. Normalmente, um vírus não tem motivo para matar seu hospedeiro, porque isso minaria suas oportunidades de se proliferar no futuro. Apenas novas mutações cometem esse tipo de erro, porque ainda não se adaptaram o suficiente para conseguir explorar seus hospedeiros sem matá-los.

Para o hospedeiro, é o oposto: se ele tiver um relacionamento longo com um vírus, acaba se adaptando para a doença se tornar relativamente inofensiva em vez de fatal. A catapora é um exemplo infeliz disso. Os europeus estão adaptados à doença, que costuma surgir na infância, porém ela – levada pelos colonizadores brancos – devastou populações indígenas na América do Norte. Junto com o sarampo e outras doenças, a catapora matou até 90% dos habitantes de algumas áreas.

Os animais enfrentam o mesmo problema. Nossa economia globalizada faz com que eles enfrentem condições semelhantes às criadas pelos europeus ao chegar a continentes que nunca tinham visitado. Doenças que faunas nativas não sabem combater chegam em um território novo dentro de embalagens de produtos e em animais e plantas. A peste suína africana é uma delas. Normalmente, ela ocorre na África, onde carrapatos artrópodes sugadores de sangue transferem a doença de um animal para outro. Em 2007, o vírus foi encontrado na Rússia, o primeiro local fora da África, e começou a se espalhar pela Europa, porque as pessoas o deixaram entrar. Não sabemos exatamente quem o trouxe, mas é provável que tenha chegado em uma carga de porcos selvagens contaminados. Depois, o vírus provavelmente se espalhou através do descarte ilegal de restos e carcaças de açougues. A taxa de mortalidade de animais infectados é muitíssimo alta: na verdade, é de 100%.[8]

Essa é uma reviravolta dramática para os javalis? Para alguns membros da família dos porcos, sem dúvida. Os javalis são seres sociáveis e adoram se aconchegar um ao outro, então a infecção pode pular de animal em animal facilmente. Mesmo que todos os membros da família não sejam contaminados, todos sofrem. Os javalis amam seus pais, filhos, irmãos e irmãs, e sentem saudade quando eles morrem. No entanto, para a evolução do ecossistema da floresta, a peste suína não é necessariamente uma catástrofe. A doença tem dificuldade em se espalhar de forma natural pela Europa Central, porque não há carrapatos artrópodes para agir como hospedeiros intermediários. Aqui, é a população imensa de porcos selvagens que facilita a transmissão de um animal para outro. Se a doença diminuir a quantidade de animais, eles terão menos contato entre si e o vírus não conseguirá se espalhar. Então a epidemia chegará ao fim, menos porcos selvagens ocuparão a floresta e faias e carvalhos terão paz de novo.

Nós sabemos que algumas conexões existem porque há um histórico de pesquisas detalhadas sobre elas (como é o caso com os javalis e a peste suína) e partimos do princípio de que outras são verdadeiras porque foram passadas adiante ao longo de gerações. Mas acho que chegou o momento de analisarmos melhor coisas que muitos de nós aceitamos sem questionar.

11. Contos de fadas, mitos e a diversidade das espécies

Nós já falamos sobre conexões naturais surpreendentes. Porém, não mencionamos outras que podem parecer bem mais óbvias – por exemplo, como os acontecimentos no outono indicam a rigidez do inverno. E houve um bom motivo para isso: elas não existem.

Desde o início dos tempos, os frutos de faias e carvalhos eram usados para prever o clima. Há um velho ditado alemão que diz: "Quanto mais bolotas e frutos de faias, mais rigoroso o inverno." Ou: "Muitas bolotas em setembro, muita neve em dezembro." Para descobrir a verdade por trás dessa sabedoria popular, primeiro precisamos fazer algumas perguntas. Por que uma árvore faria isso? Como a quantidade de sementes ajudaria sua sobrevivência em um inverno rigoroso? Quais seriam as consequências indiretas que a árvore sofreria?

Infelizmente, não sei a resposta para essas perguntas. Só sabemos que as árvores de cada espécie (carvalho ou faia) chegam a um consenso sobre o momento de florescerem juntas, para produzir grandes quantidades de sementes em intervalos de alguns anos. Como mencionei antes, isso é feito para regular o tamanho da população de animais herbívoros, impedindo-os de contar com um suprimento constante de comida todos os anos. Mas a estratégia não tem ligação alguma com o inverno.

Há outra questão aqui. Brotos de flores (assim como brotos de folhas) nascem no verão anterior. Se uma árvore fosse regular sua produção de sementes com a temperatura do inverno, ela precisaria saber com mais de um ano de antecedência quais seriam as condições, a fim de fazer os preparos necessários. Faias e carvalhos, no entanto, não têm formas melhores de prever o clima do que nós. As árvores registram dias mais curtos e quedas de temperatura. Usam essa informação para decidir quando suas folhas devem cair, antes da primeira nevasca. E nem sempre acertam essa previsão, como acontece nos anos em que o inverno chega mais cedo. Quando neva em outubro, como geralmente acontece, galhos que ainda carregam folhas verdes quebram com o peso do acúmulo de neve fresca, uma lição dolorosa para as árvores. Se isso acontecer quando são jovens, pelo menos poderão aprender com a experiência e perder as folhas um pouco mais cedo no futuro. Mas elas só se livram das folhas por precaução: a decisão não tem nada a ver com uma previsão do tempo mais apurada. Então agora você já sabe: nem as faias conseguem prever o clima com um ano de antecedência.

Já falamos dos representantes do reino das plantas, mas e os animais? Existe uma sabedoria popular que diz que esquilos são capazes de prever invernos rigorosos. Se eles começam a acumular comida demais, juntando grandes reservas de bolotas, é sinal de que o inverno será árduo. Isso é verdade? Acho que você já sabe a resposta. É claro que essas criaturas fofinhas não têm um sexto sentido climático que indique a previsão do tempo nos próximos meses, da mesma forma que as árvores não têm. Sua motivação para juntar comida é apenas uma questão de oferta. Quando as árvores produzem muitas castanhas, os pestinhas escondem bastante. Nos anos em que elas resolvem tirar folga e as castanhas ficam escassas, os animais encontram menos alimento e não vemos tantos deles escondendo comida.

E então chegamos aos ditados populares que misturam mito e verdade. Eles falam sobre relações que existem, mas as justificam da maneira errada. Para mim, a mais clássica é a associação entre carrapatos e giestas. Dizem por aí que os sugadores de sangue gostam de viver nesses arbustos. A planta é vista em todos os lugares da Europa em que o Atlântico oferece verões frescos e invernos amenos, como acontece em Eifel, onde moro. As giestas são tão comuns aqui que são um marco da paisagem. Na primavera, elas ficam completamente cobertas de flores amarelo-douradas, parecendo asas de borboletas. As flores são tão grossas que cobrem todo o verde. Arbustos grandes dão um brilho dourado à paisagem e é por isso que os chamamos de Ouro de Eifel.

Os carrapatos gostam mesmo de giestas? Todas as partes da planta são venenosas e não só para o ser humano. Substâncias nos galhos, flores e folhas impedem que ela sirva de alimento, e corços, cervos-vermelhos e gado geralmente a evitam. Nos locais com uma grande população de animais selvagens, a maioria dos outros arbustos mais gostosos é devorada. Portanto, as giestas levam vantagem e podem se expandir sem problema – e é exatamente isso que fazem, sendo teimosas e bem-sucedidas. Esse arbusto desenvolveu uma série de estratégias diferentes para transportar sementes. No calor do sol do meio-dia, por exemplo, as cascas de suas sementes abrem com um estalo, espalhando-as por todo lado. As sementes redondas rolam com facilidade, se distanciando ainda mais.

Mas as giestas não param por aí. Também usam as formigas. Sim, as soberanas secretas de novo. As formigas distribuem as sementes e ajudam o Ouro de Eifel a se posicionar pelo campo inteiro, até em florestas. As sementes das giestas não gostam da escuridão da mata, mas tempo não é um problema. Elas conseguem sobreviver por mais de 50 anos no húmus, até o dia em que uma tempestade ou um empreendedor humano derrubar as árvores. Raios de sol chegam ao solo da floresta e gentilmente acordam as sementes adormecidas. Elas rapidamente brotam e crescem, ganhando até meio metro de altura no primeiro ano. Apenas as árvores jovens e outros arbustos, como amoreiras, dificultam sua vida, mas corços famintos ajudam com esse problema. Eles rapidamente comem as plantas novas, removendo as sombras irritantes que cobrem os arbustos em crescimento.

Enquanto os cervos comem, um hóspede especial cai de sua pelagem: carrapatos. Carrapatos que caem são especialmente grandes e estão na fase final da vida. Eles sugaram sangue pela última vez antes de se soltarem e caírem, para se arrastarem até o arbusto mais próximo, colocarem seus ovos e morrerem. Os carrapatinhos nascem, são levados para fora do arbusto por ratos e continuam o legado das suas mães: sugar sangue. Então eles também se soltam e caem depois de comer, crescendo e trocando de cutícula. Finalmente, com fome de novo, elas param na vegetação – nas giestas, por exemplo – e esperam por mamíferos grandes (e, talvez, por pessoas). É por isso que sempre há uma grande quantidade de carrapatos nos locais onde há muitos cervos e são os cervos que garantem a expansão das giestas. Os arbustos simplesmente são uma espécie que se beneficia com a presença de animais herbívoros, e giestas e carrapatos aparecem juntos em habitats com muitos cervos. Os dois dependem dos cervos, mas não um do outro.

Juntas, as árvores são capazes de conquistar muitas coisas, mesmo sem querer. Com frequência, essas conquistas não têm nada a ver com sua sobrevivência. Todo ano, no outono, ocorre um drama que me lembra um brinquedo de parquinho infantil – o gira-gira. Sabe do que estou falando? Alguém gira um disco com barras, enquanto as crianças sentadas esticam as pernas para a frente, sem encostar no centro. Quando elas dobram as pernas, o gira-gira acelera; quando as esticam, reduz a velocidade. As árvores não brincam em gira-giras, mas fazem algo parecido todo ano. Quando as caducifólias do hemisfério norte perdem as folhas ao mesmo tempo, todos nós começamos a girar mais rápido e os dias ficam mais curtos. Está duvidando?

Estamos falando sobre frações minúsculas de segundo, que são quase imperceptíveis devido à influência de outros processos globais; porém a mudança é mensurável. O hemisfério norte abriga a maior parte da massa terrestre do planeta. Quando as árvores caducifólias perdem as folhas, elas passam a ficar 30 metros mais perto do centro da Terra (a diferença entre a altura da árvore e o solo). O efeito dessa mudança de peso em relação ao centro é parecido com o efeito das crianças dobrando as pernas. Na primavera, quando a folhagem nova surge, o exato oposto acontece. As folhas frescas, cheias de água, transferem o peso para cima; em outras palavras, elas o afastam do centro da Terra, diminuindo um pouco nossa velocidade. Uma forma mais divertida de encarar o fenômeno é pensar que, graças às árvores, nós brincamos no gira-gira. No entanto, como o efeito só causa uma diferença de frações de segundo e existem outros processos que afetam o centro da gravidade do planeta, como correntes marítimas, podemos classificar o fenômeno do gira-gira como uma das meias-verdades que misturam fatos e fantasia.

Um tipo de mito muito diferente cerca a diversidade das espécies. Quando salvamos plantas ou animais de forma isolada, realmente acreditamos que ajudamos o meio ambiente. Só que isso raramente acontece, em geral porque quando mudamos as condições ambientais para garantir a sobrevivência de uma espécie, a sobrevivência de várias outras é colocada em risco. Mas estou colocando o carro na frente dos bois.

Ao observarmos como as interações entre espécies são multifacetadas, precisamos nos perguntar, de novo, se algum dia seremos capazes de compreender totalmente as conexões que ocorrem na natureza. Os exemplos que debatemos até agora envolvem alguns animais influenciando uns aos outros de formas muito complexas. Imagine um malabarista jogando duas bolas para cima. Sempre que uma espécie nova entra em cena, as coisas se tornam mais difíceis e complicadas de acompanhar. De acordo com estimativas atuais, há 71,5 mil "bolas" na Alemanha (incluindo animais, plantas e fungos), e 1,8 milhões de espécies foram descritas por todo o planeta até agora.[1]

Isso é mais complicado do que parece, porque muitos animais e plantas ainda não foram descobertos. O World Wide Fund for Nature e o Instituto de Desenvolvimento Sustentável Mamirauá relataram que, em 2014-2015, uma nova espécie foi descoberta na Amazônia a cada 1,9 dias. Recentemente, conversei com uma pesquisadora que também faz parte de uma espécie em extinção: entomologistas. Ela me contou que não há investimento suficiente para a pesquisa de besouros, moscas e outros insetos, e, mais importante, não há muitos cientistas novos iniciando carreira nessa área, o que significa que, mesmo na Alemanha, ainda temos muitos espaços em branco no mapa das espécies. Portanto, você pode adicionar um número desconhecido de animais às 71,5 mil espécies conhecidas na Alemanha, e seus efeitos no ecossistema são, é claro, uma incógnita.

Nos exemplos que citei nos capítulos anteriores, é fácil entender como o sistema é frágil e as consequências do desaparecimento de uma única espécie. Sabendo disso, devemos nos esforçar ao máximo para preservar matas virgens ou permitir que elas se autopreservem. Mas o que significa virgem? Em quem devemos confiar nesse caso?

Na Alemanha, órgãos ambientais e proprietários alegam que florestas comerciais são benéficas para a diversidade das espécies. O terceiro Inventário Nacional de Florestas, publicado em 2014, revelou que a idade média das árvores agora é de 77 anos. Parabéns! O documento, publicado pelo Ministério Federal de Agricultura e Abastecimento, também enaltece a importância ecológica das árvores centenárias e indica que elas estão bem.[2] As moscas que se alimentam da seiva das árvores, as *Brachyopa silviae*, certamente desmentiriam essa declaração se pudessem. Essas mosquinhas foram descobertas em 2005. Só foram vistas seis vezes pelo mundo, então podemos dizer que são muito raras. E existe um motivo para isso.

Apesar de ter asas, essa mosca não se desloca por longas distâncias e prefere permanecer em florestas virgens, onde se sente em casa. Lá, elas encontram pontos nas cascas das árvores que vazem seiva – sua comida favorita. Ou melhor, a seiva oferece o substrato para sua comida favorita, porque é dela que se alimentam bactérias e micro-organismos que formam uma camada grudenta na superfície; as moscas buscam essa camada. Mas vazamentos assim são encontrados apenas em árvores com 120 anos, no mínimo. É claro que as árvores podem ser mais velhas, porém, se a literatura promocional do governo está satisfeita com uma idade média de 77 anos, devemos nos preocupar com essa mosca.

O Dr. Frank Dziock descobriu a espécie por acaso.[3] Ele montou armadilhas para insetos em áreas de alagamento para capturar moscas-de-frutas, porque queria descobrir como elas reagem a altos níveis de água. No começo, Dziock não se deu conta de que tinha encontrado algo impressionante em sua armadilha. Então notou duas manchas nas costas de uma das moscas. Nenhuma outra espécie conhecida exibe essas manchas, então aquele era um inseto desconhecido.

Essa mosca precisa de árvores centenárias feridas. No entanto, a prática de desbaste seletivo nas florestas comerciais, direcionados para árvores danificadas, é uma ameaça à sua existência. O objetivo, a longo prazo, é deixar apenas exemplares perfeitos de faias e carvalhos crescerem e envelhecerem, para depois vender sua madeira valiosa. As moscas saem perdendo; suas necessidades são completamente ignoradas. É verdade que algumas árvores são poupadas por motivos ambientais, porém, se todas as outras ao redor forem derrubadas, as sobreviventes não vão resistir por tanto tempo. Terão dificuldade sem o típico microclima úmido e frio da floresta e a luz do sol direta esquentará o solo. Além disso, as redes de raízes e fungos – que ajudam árvores velhas e doentes a sobreviver – serão destruídas. Elas são cruciais para a saúde da floresta, então vejamos como funcionam.

Em *A vida secreta das árvores*, falei sobre a internet da floresta – ou a *wood wide web*, como a revista *Nature* chamou de forma tão adequada. A rede é formada por fungos. Seus filamentos crescem sob o solo e conectam árvores e outras plantas. Os fungos são camaradas impressionantes. Não pertencem ao reino dos animais nem das plantas, mas têm muito em comum com os primeiros. Fotossíntese: não. Eles tiram seu alimento de outros seres vivos. Assim como os insetos, suas paredes celulares contêm quitina. Alguns – o bolor limoso, por exemplo – são capazes de ir de um lugar para outro. No entanto, nem todos são amigáveis. O cogumelo-do-mel, por exemplo, ataca árvores em busca de suprimentos de açúcar e outras guloseimas. Ele geralmente mata a vítima e segue em frente, passando para o próximo alvo.

Árvores conectadas não são surpreendidas por ataques de fungos ou insetos; elas transmitem um aviso para as outras árvores, incluindo sinais aromáticos com informações sobre o tipo de vilão que causa a ameaça. As árvores, então, armazenam o composto defensivo certo sobre suas cascas para estragar o apetite de insetos ou mamíferos famintos.

Infelizmente, o vento costuma soprar avisos aéreos em apenas uma direção. É aí que entram as raízes. Elas se conectam com as de outras árvores e transmitem notícias importantes através de sinais químicos e elétricos. Porém essa rede não consegue alcançar a floresta inteira e a conexão pode ser quebrada quando uma árvore centenária morre.

Os fungos ajudam a cobrir essas distâncias. Da mesma forma que os cabos de fibra ótica da nossa internet, seus filamentos subterrâneos carregam mensagens de árvore em árvore, para a floresta toda ser informada sobre os acontecimentos. No entanto, o serviço não sai de graça; os fungos consomem até um terço do açúcar e outros carboidratos que as faias, carvalhos e suas amigas produzem através da fotossíntese. É uma quantidade e tanto de energia, quase o mesmo que as árvores usam para produzir madeira. (O outro terço é convertido em casca, folhas e frutas.)

Um serviço tão caro deve ser confiável. E os fungos dominam essa arte, apesar de ser uma tarefa arriscada. A internet das árvores constantemente sofre grandes interrupções. Por exemplo, no inverno, quando javalis vagam pelas florestas, cavando buracos profundos no chão em sua busca por bolotas, castanhas ou ninhos de ratos. É inevitável que essa atividade destrua as conexões entre fungos ao longo de muitos metros quadrados. Os fungos não se abalam. Por garantia, eles criam filamentos paralelos e apenas mudam a conexão para os fios vizinhos. Aliás, é por isso que quando colhemos cogumelos comestíveis na mata durante o outono, não faz diferença se os giramos ou cortamos (uma briga eterna entre os amantes da natureza). Qualquer dano é rapidamente consertado no subsolo.

Além de compartilhar informações e transportar açúcar de uma árvore para outra em solidariedade aos membros mais fracos da comunidade arbórea, os fungos também ajudam as árvores a absorver minerais essenciais. Por exemplo, quando elas sugam compostos de fósforo, logo acabam com o suprimento em um raio de milímetros das suas raízes. Ainda bem que os fungos conectados à rede maior passam seus filamentos ao redor das delicadas raízes de alimentação das árvores para aumentar seu alcance. Assim, todos os nutrientes de que elas precisam podem ser entregues na sua porta, mesmo vindo de partes distantes da floresta.

Os fungos têm vida longa, porém, como todo ser vivo, começam muito pequenos: como esporos. E os esporos têm um grande problema. Se caírem diretamente do chapéu do corpo de frutificação (o cogumelo), podem aterrissar no espaço já ocupado por suas mães, o que significa que não vão colonizar um novo território. Os bilhões de partículas microscópicas que caem de um único chapéu têm apenas um foco: viajar. Isso é um problema sério em uma floresta, onde o vento quase nunca alcança o solo. E é aí que entra o formato especial dos corpos de frutificação fúngicos.

No geral, eles consistem em um caule com um chapéu no topo, e, segundo descobertas do biomatemático Marcus Roper, da Universidade da Califórnia, Los Angeles, existe um bom motivo para isso. Os esporos saem das aberturas na parte inferior do chapéu, onde se protegem da chuva e ficam grudados uns nos outros. O chapéu em si transpira vapor, resfriando um pouquinho o ar ao redor do cogumelo. O ar resfriado abaixa as abas do chapéu, levando os esporos juntos, e depois se aquece novamente com o clima ambiente. Tanto o ar mais quente quanto os esporos sobem cerca de 10 centímetros acima dos chapéus.[4] Assim, basta apenas uma brisa leve para levar os pequenos passageiros embora, garantindo sua sobrevivência.

Com sorte, um dos esporos minúsculos aterrissa em um local ainda sem dono. Lá, ele estende alguns dos seus pequenos filamentos (hifas) e espera pelo sinal das raízes de plantas. Se não houver nenhum chamado químico na região, o esporo se retrai dentro de suas hifas. Ele tem comida suficiente para várias tentativas de comunicação.[5] Se conseguir entrar em contato com a planta que deseja - uma faia, por exemplo - uma vida muito, muito longa pode começar. Os fungos conseguem ser tão duradouros quanto as árvores. Redes milenares de cogumelos-de-mel foram encontradas no subsolo da América do Norte. O recordista é um fungo da espécie *Armillaria ostoyae*. Ele tem 2,4 mil anos e se espalhou por quase 9 quilômetros quadrados.[6]

As pesquisas sobre o mundo dos fungos ainda têm muito o que descobrir e há inúmeros segredos escondidos sob cada passo que você dá pela mata. Mas as árvores também abrigam criaturas muito trabalhadoras, que precisam de condições bem específicas para sobreviver. Não, não estou falando dos besouros escotilíneos, que têm necessidades alimentares simples. Eles costumam exigir apenas uma coisa das árvores: que exibam sinais de fraqueza para não conseguirem se defender. Se esse for o caso, os besouros se contentam em mastigar cascas e câmbios - a camada de células vivas entre a casca e a madeira. E como essas condições quase sempre são encontradas em um grupo de qualquer espécie de árvore (e os besouros se especializam em comê-las), eles quase não apresentam espécies em risco de extinção. A coisa muda de figura, no entanto, quando se trata dos especialistas. Eles são tão exigentes que quase podemos chamá-los de "cricris". E como é demonstrado pelo caso do *Tenebrio opacus*, uma espécie de larva-da-farinha, "cricri" talvez seja bondade. Esse inseto só se sente confortável depois de uma lista inteira de requisitos ser preenchida.

Vamos supor que existisse uma floresta ancestral de faias onde mora uma dupla de pica-paus-pretos. Eles reivindicaram muitos quilômetros quadrados da floresta como seu território e criaram uma série de casas. Como a madeira era dura e difícil de perfurar, os pássaros agiram com calma. Ao contrário de outros pica-paus, essa espécie prefere morar em árvores saudáveis – quem quer uma casa caindo aos pedaços? Porém as faias saudáveis são duras demais até para pica-paus. Diferente do cérebro humano, o deles é muito firmado dentro do crânio, para não balançar enquanto usam o bico para bater nas árvores. Como uma precaução adicional, existe uma espécie de mola atrás de seu bico para amortecer o impacto até o crânio. Mesmo assim, a madeira fresca é densa demais. Mas os pica-paus-pretos são pacientes. Quando começam um projeto, a primeira coisa que fazem é moldar a entrada nos anéis de crescimento exteriores. Então abandonam a obra, às vezes por anos.

Na ausência dos pica-paus, os fungos aparecem. Eles surgem minutos após o começo dos trabalhos – ou melhor, após a primeira bicada. Há uma infinidade de esporos em cada metro cúbico de ar e eles imediatamente aterrissam no local danificado. O fungo cresce e decompõe a madeira, comendo-a viva. A madeira se torna macia e mole e, após anos de espera, nosso casal de pica-paus pode voltar a construir sua casa sem dores de cabeça. Quando a cavidade fica pronta, eles começam uma família. Só que as coisas nem sempre dão certo. Outros pássaros espertinhos tentam invadir o ninho. Os pica-paus-pretos conseguem se livrar de pombos tímidos com algumas ameaças exaltadas. As gralhas, por outro lado, se mantêm firmes e dominam o buraco, obrigando os pica-paus a recomeçar. Por sorte, geralmente eles têm muitas casas alternativas, em parte porque machos e fêmeas preferem dormir em quartos separados.

Ao longo das décadas, as cavidades das árvores vão apodrecendo devagar e o solo afunda; fica tão distante da entrada que os filhotes dos pica-paus-pretos não conseguem alcançá-lo quando chega o momento de saírem voando. E as pombas finalmente têm sua oportunidade. Elas elevam o chão, fazendo ninhos mais altos (uma solução que passa batido pelos pica-paus).

A cavidade e o buraco continuam se decompondo. Com o tempo, o espaço se torna grande o suficiente para abrigar corujas. Elas também gostam de usar os buracos, que se tornaram muito amplos agora, e costumam passar anos neles. Talvez um ou outro rato-do-campo da espécie *Apodemus flavicollis* se acomode no interior quentinho da árvore, deixando comida e pedaços de pele para trás.

E é então que nossas larvas-da-farinha entram em cena. É só agora – depois da série de idas e vindas de invasores de buracos que acabei de descrever – que elas se acomodam. O motivo são suas preferências alimentares. Os besouros-tenébrios – ou melhor, suas larvas – adoram a mistura farinhenta de madeira produzida por fungos, restos de insetos, penas e pedaços de pele, junto com tudo mais que os invasores deixaram para trás. Bom apetite![7]

Não é surpreendente que as populações desse besouro e espécies parecidas estejam ameaçadas. Não é comum encontrar árvores que apodreçam por décadas, da forma como acabei de descrever, nas florestas comerciais. Geralmente, elas são cortadas e vendidas ao primeiro sinal de um buraco de pica-pau, antes de apodrecerem por dentro e perderem seu valor. É verdade que restam algumas árvores isoladas em tentativas desanimadas de preservar suas espécies, mas essas sobreviventes solitárias não ajudam muito. É preciso de um grande número dessas cavidades para garantir populações de todos os seres vivos que fazem parte dessa comunidade delicadamente equilibrada.

Então os besouros enfrentam o mesmo destino que as moscas--de-frutas e só há uma forma de ajudar essa e outras espécies. Em vez de tentar uma missão de resgate, salvando apenas algumas árvores individuais do abate, grandes áreas florestais deveriam ser protegidas completamente da produção comercial. A alegação de que a silvicultura com regras rígidas pode ser benéfica tanto para comercializar quanto para conservar uma floresta precisa ser imediatamente banida para o reino dos mitos e fantasias.

Da mesma maneira como as árvores têm defesas para os ataques de besouros escotilíneos, elas também não aceitam de bom grado todas as gracinhas do clima. Não apenas são capazes de aguentar uma variação brusca de temperatura, como também influenciam o clima de verdade, como veremos no próximo capítulo.

12. A floresta e o clima

As árvores não estão completamente à mercê das variações climáticas, pelo menos não quando se agrupam em grandes florestas e trabalham em conjunto. É claro que suas ações são limitadas, mas, em grupo, elas são capazes não apenas de regular a umidade e a temperatura do ar na floresta como também de influenciar outros fatores por quilômetros de distância. Recentemente, um grupo de pesquisadores estrangeiros que analisava as mudanças causadas por práticas comerciais em florestas europeias publicou um relatório que me fez pensar mais sobre isso.[1] O foco do estudo era a substituição das antigas matas de árvores caducifólias pelas plantações de coníferas.

Os cientistas que trabalharam com Kim Naudts no Instituto Max Planck de Meteorologia queriam saber como as árvores refletem luz. As caducifólias têm cores mais claras que as coníferas. Além do mais, as faias ancestrais, que antes dominavam a Europa Central, evaporam até 2 mil metros cúbicos de água por quilômetro quadrado em um dia quente de verão, resfriando do ar até o chão da floresta. As copas verde-escuras das coníferas absorvem mais radiação solar, causando aquecimento.[2] As coníferas também são menos generosas com a umidade, então o ar em suas florestas é mais seco, e a forma como elas gerenciam a água intensifica o calor causado por sua folhagem escura.

O foco deste capítulo, no entanto, não é o efeito da silvicultura no aquecimento global, mas se existe um motivo por trás do comportamento das coníferas. Não importa se elas estão sendo cultivadas por motivos comerciais, essas árvores não foram criadas para a vida de plantio; elas se comportam da mesma forma que as árvores silvestres nas florestas ancestrais de climas mais frios, onde surgiram.

E esse comportamento é vantajoso exatamente nessa parte do mundo. Na taiga, os verões são curtos, durando poucas semanas. Isso significa que as árvores têm pouco tempo para crescer, que dirá para formar folhagem e se espalhar. Ao aumentar a temperatura ambiente, a intenção desses ecossistemas pode ser apenas aumentar a duração da estação quente em alguns dias, ganhando tempo que seria essencial para seu sucesso. É uma teoria que parece lógica, porém não passa de uma suposição por enquanto.

A estratégia das coníferas para sobreviver ao inverno só prova como os abetos e pinheiros precisam de todo calor possível. Ao contrário das árvores caducifólias, elas nunca se desfazem de suas folhas estreitas e pontudas; dessa forma, podem começar a trabalhar assim que as condições se tornarem ideais. Na Europa Central, isso pode acontecer entre o final de fevereiro e o início de março, quando as faias e os carvalhos ainda estão imersos em seu sono de inverno. Assim que o sol esquenta o ar (e as copas escuras das coníferas), os abetos e pinheiros começam a produzir açúcar.

Esse plano também parece lógico e pode ser observado todos os anos, nos dias ensolarados no fim do inverno. Mas a história não termina por aí. As coníferas têm outra característica que parece contradizer os processos que acabei de descrever. Nas florestas boreais intermináveis, outra substância paira no ar: o terpeno emitido por abetos e pinheiros. O cheiro fresco e penetrante que infiltra suas narinas quando você entra em uma floresta de coníferas vem dele.

Quanto mais quente estiver o sol, mais forte é o aroma e é provável que isso não seja coincidência. Pesquisadores descobriram que gotas de água se conectam às moléculas aromáticas liberadas pelas árvores. Nuvens não surgem sem ajuda. As moléculas de água se esbarram no ar, mas, em vez de se unirem, elas se separam. Se isso acontecesse o tempo todo, chuvas seriam um evento raro. Para a precipitação ocorrer, um grande grupo de moléculas de água precisa se juntar e pesar o suficiente para cair como uma gota.

Esses acúmulos só se formam quando as moléculas de água encontram partículas pequenas pairando no ar. A natureza produz várias partículas desse tipo: cinzas de vulcões, areia de desertos, cristais de sal minúsculos dos oceanos, mas principalmente corpúsculos emitidos por plantas. E é aqui que nossas coníferas têm um papel importante. Elas liberam quantidades imensas de terpeno no ar. Quanto maior for a temperatura, mais elas emitem. O terpeno provavelmente não passaria de um aroma fresco e penetrante se não fosse por um segundo componente: raios cósmicos, que são pequenas partículas do universo. Eles caem constantemente sobre nós e até nos atravessam – isso está acontecendo agora, enquanto você lê este livro. Os raios tornam o terpeno entre dez e mil vezes mais eficiente, porque aglomeram as secreções das árvores. A água tem muita facilidade para se prender ao terpeno aglomerado.[3] E é assim que as infinitas florestas de coníferas na Sibéria e no Canadá invocam, ou melhor, produzem chuva.

Para uma floresta, criar nuvens é uma vantagem, mesmo quando elas não produzem chuva. As névoas agitadas esfriam muito o ar e diminuem o ritmo com que a água evapora do solo.

Se as árvores conseguirem transformá-la em uma nuvem carregada, alcançam a sorte grande. Uma tempestade pequena carrega até 500 milhões de litros de água.[4]

Agora, é claro, temos um problema. Por um lado, as coníferas aquecem o ar com suas copas escuras, o que as ajuda a crescer mais rápido na primavera. Por outro, elas esfriam o ar com a formação de nuvens. Isso tudo acontece por acaso? Por um capricho da natureza? Será que estou inventando conexões?

Pode ser útil analisar as estações em que esses fenômenos ocorrem. Quando os primeiros dias de primavera permitem que os abetos e pinheiros comecem a crescer, o clima ainda está relativamente frio. Graças à folhagem escura, o sol consegue aquecer um pouquinho o ar, esquentando a superfície das árvores e ajudando-as a começar os trabalhos muito antes das árvores caducifólias, que precisam desenvolver novas folhas primeiro. "Aquecer um pouquinho" significa isso mesmo: a temperatura só precisa estar acima de -4ºC. Então os abetos começam a produzir açúcar, apesar de não emitirem muito terpeno.

Passar um protetor solar fortíssimo feito de névoa seria contraproducente na temporada de crescimento. Em temperaturas de até 5ºC, o metabolismo dos abetos funciona, porém seus troncos não crescem, o que significa que as árvores estão basicamente à toa. A produção só começa para valer quando a temperatura ultrapassa 10ºC. Então a luz do sol é convertida em açúcar, a madeira cresce e a energia é usada para aumentar o comprimento de galhos e raízes. Portanto, o resfriamento só faz sentido quando o verão fica quente demais. As coníferas começam a ter problemas quando o clima ultrapassa 40ºC.[5]

Essa temperatura parece alta demais para a Sibéria? É a ausência da influência moderadora do oceano que torna a região tão fria. No inverno, a água do mar esquenta o vento que passa, como um aquecedor; no verão, ela é um ar-condicionado. No interior do continente, esse efeito é quase imperceptível, o que torna as temperaturas tão extremas durante o inverno e o verão. Portanto, faz sentido que as árvores coníferas espalhadas por essas regiões tenham desenvolvido sistemas para se aquecerem ou se resfriarem, usando este último mecanismo para garantir chuva de vez em quando.

Em fotografias ou visitas a uma taiga, dá para ver que os abetos e pinheiros não são as únicas árvores na região. De forma alguma. A facção das caducifólias também está presente – especialmente as faias. Se os abetos conseguem sobreviver em condições climáticas adversas, nada mais justo do que impor o mesmo sofrimento às faias. As árvores caducifólias emitem uma quantidade muito menor de substâncias orgânicas, e elas não têm folhagens escuras para aquecer seus tronquinhos frios no começo da primavera. Quando o inverno vai embora, elas demoram mais a crescer do que as coníferas. Além disso, suas folhas precisam ser completamente substituídas a cada ano, custando mais energia.

Existe alguma vantagem em ser caducifólia? Há duas. A primeira tem a ver com secas. No inverno, elas perdem menos água do que as coníferas, porque não transpiram nos poucos dias mais quentes, já que perderam as folhas. A segunda está ligada à prole. As sementes das árvores caducifólias, como faias, álamos e salgueiros, percorrem distâncias muito maiores do que as dos pinheiros, sendo capazes de chegar logo depois de incêndios florestais, e são as primeiras a formar novas florestas. Quanto mais idade ganha a mata, mais controle ganham os abetos e pinheiros. Então a floresta vai escurecendo e as caducifólias amantes da luz voltam a desaparecer.

Todas as árvores têm um nicho ecológico e um clima favorito – e a Europa Central tem algumas peculiaridades que dificultam a vida dessas plantas gigantescas, apesar das temperaturas relativamente amenas. O clima aqui é descrito como temperado com verões quentes e uma distribuição equilibrada de chuva ao longo do ano.[6] Ele parece bom: temperado, quente e úmido. Só que mais importante do que esses adjetivos são os extremos: ondas de calor de mais de 35ºC e um frio que alcança -15ºC, desafiando as árvores nativas.

Quando a temperatura chega a -5ºC, as árvores se contraem, isto é, ficam mais magras. Não porque a madeira encolhe, já que um processo puramente mecânico não reduziria tanto o diâmetro da árvore, que pode perder até um centímetro. O que acontece é que a água é levada mais para dentro da árvore, um processo que é revertido em dias quentes.[7] As árvores não param de funcionar completamente durante suas férias de inverno.

Nem o carvalho, o desafiador de extremos, aguenta com facilidade frios muito intensos. Só consegue sobreviver nessas condições se tiver envelhecido sem feridas no seu tronco. Sua madeira intacta é perfeita e tem uma estrutura equilibrada. Mas, um dia, um cervo faminto pode ter dado mordidas em sua casca ou pneus de trator podem ter colidido com a base do seu tronco. O carvalho danificado precisa fechar sua ferida e cobri-la com uma casca nova. E é então que os problemas começam.

Normalmente, as fibras da madeira da árvore são organizadas em um padrão vertical uniforme para evitar tensões no tronco. Quando uma tempestade balança a árvore, essa configuração vertical garante que ela seja flexível o suficiente para se mexer de um lado para outro. Árvores machucadas, por sua vez, têm prioridades diferentes – pelo menos na região do ferimento. Elas precisam desenvolver uma casca nova sobre a madeira exposta, usando o câmbio. Essa camada cristalina se divide para formar novas células de tronco na parte externa e novas células de madeira na interna; é assim que a árvore se torna mais larga a cada ano, dando apoio à sua coroa crescente. Na pressa para se curar, a árvore pode se esquecer do seu padrão normal de crescimento na área do machucado, e caroços inchados surgem sob a casca nova.

A madeira engrossa porque a árvore quer se curar logo. Se ela demorar, fungos e insetos terão mais oportunidade de entrar. No caos, não há tempo para se preocupar com fibras superorganizadas e, no começo, isso não faz diferença. Após alguns anos (afinal, as árvores são muito lentas), a tarefa é concluída. O ferimento foi curado, apesar de ter deixado uma cicatriz profunda no local onde o cervo ou o trator machucaram o tronco. Mas resolver o problema não significa esquecê-lo. Agora, tudo depende das próximas tensões que surgirem. Um dia, o clima esfria, e nossa árvore veterana fica em grande desvantagem, já que o alburno úmido em seu interior congela e o gelo pode fazer o tronco quebrar.

A cura do ferimento resultou em um conjunto caótico de fibras que exercem pressões variadas na madeira ao redor enquanto congela. Em noites gélidas sem tempestades, estalos reverberam como tiros de rifle pela floresta. Não são caçadores atrás de presas, mas os carvalhos. Seu tecido apresenta uma falha na região da antiga ferida e se abre tão de repente que o som viaja por quilômetros. Esse fenômeno se chama "rachadura de frio".

Em verões quentes, outros problemas aparecem. Normalmente, as árvores regulam seu microclima sozinhas. Todas suam juntas, como ilustrado pelo uso de quantidades enormes de água em dias quentes. O ar úmido diminui a temperatura em alguns graus e as árvores mantêm o clima que lhes agrada. Porém, em longos períodos de seca, as reservas no solo são esgotadas. As primeiras árvores sedentas enviam um aviso pela rede e aconselham as outras a economizar o pouco que resta.

Se a seca e o calor não dão trégua, a única opção que resta é se livrar das folhas. No começo, apenas algumas se tornam marrom-amareladas e caem. As árvores soltam parte das áreas transpiráveis, mas sua produção de açúcar também é drasticamente reduzida. A fome – um problema menos grave – substitui a sede.

Se a chuva voltar apenas entre o meio e o final do verão, será tarde demais para desenvolver folhas novas. No hemisfério norte, o prazo para isso acaba no fim de junho. Com a fotossíntese reduzida, as árvores devem usar a energia que economizaram para a produção das folhas do ano seguinte, e essas reservas serão esgotadas antes da chegada da primavera. Se elas forem atacadas por pestes, mal terão forças para lutar. E isso tudo se torna ainda mais perigoso quando o maquinário pesado usado na silvicultura moderna comprime o solo ao redor das árvores, que ficam impossibilitadas de armazenar muita água porque os poros no solo foram esmagados. A derrubada de árvores destrói a caixa-d'água da floresta, fazendo com que a sede das sobreviventes se torne mais problemática nos verões quentes. A situação piora ainda mais com o efeito estufa.

A mudança climática atual não apenas deixa a atmosfera mais quente. Para algumas pessoas, ela indica o fim da raça humana e da vida no planeta; para outras, é um fenômeno natural e o clima sempre foi mutável. O último ponto de vista é verdade, mas pouco útil. Todos sabemos que a Terra passou por eras do gelo e fases de calor ao longo de grandes períodos de tempo. Apesar de eu acreditar que a mudança climática causada pelo ser humano é real e já apresenta efeitos graves, quero falar primeiro sobre os argumentos do lado oposto. Vamos dar uma olhada nos ciclos naturais do dióxido de carbono em uma escala de tempo adequada.

No período Cambriano, cerca de 500 milhões de anos atrás, já existiam seres vertebrados que eram nossos parentes muito distantes. Eles precisavam lidar com níveis de dióxido de carbono que parecem saídos de uma ficção científica. Enquanto nós fizemos a quantidade sair de 280 ppm (partes por milhão) para mais de 400 ppm, o valor no Cambriano superava 4 mil ppm. Então ele diminuiu, voltando a subir para cerca de 2 mil ppm há 250 milhões de anos. Por que a Terra não morreu com a onda de calor?

Muitos cientistas preveem que a sobrevivência será quase impossível caso o nível se torne algumas centenas de ppm acima do que era no período pré-industrial. Mas, se fosse impossível mesmo, os seres humanos não existiriam. A questão que decide se mudanças climáticas como essa são catastróficas ou inofensivas é a velocidade em que a mudança ocorre – e, assim, as chances de uma espécie se adaptar.

Basicamente, o ritmo da mudança é lento. Entre outras coisas, ela está conectada com as placas tectônicas e a deriva continental. Quando os continentes se movem depressa e a placa africana, por exemplo, está sendo amassada pela placa euroasiática, montanhas crescem nos pontos em que as duas colidem. Quanto maiores são as montanhas, mais rápido sofrem erosão. É possível observar isso nos Alpes, onde pilhas de pequenas pedras soltas cobrem os pés e reduzem os declives das montanhas. Essas pedrinhas são desbastadas até se transformarem em areia e terra, que são levadas pela água e depositadas em outro lugar, junto com o dióxido de carbono que se prende ao material redistribuído. Em épocas de pouca atividade tectônica, o suprimento de pedras recém-desgastadas também é baixo.

É então que os vulcões entram em cena. Eles cospem pedras derretidas e o calor intenso libera o dióxido de carbono preso a elas. Nesses períodos, mais dióxido de carbono é liberado por atividade vulcânica do que recapturado por pedras deterioradas. Quando o planeta empurra com força os continentes, a situação é revertida.

Pareceu complicado? Também acho, mas é importante entender esses ciclos demorados para ter uma ideia geral da situação. Se a atividade vulcânica não liberasse o dióxido de carbono das pedras e o devolvesse para a atmosfera, nós teríamos um problema completamente diferente. Em algum momento, o dióxido de carbono acabaria e isso seria fatal. O oxigênio é nosso elixir mais precioso, porque nossas células precisam dele para queimar compostos de carbono. Sem o carbono, o ar mais puro do mundo seria inútil. As plantas absorvem o carbono do ar ao seu redor e o armazenam na forma de açúcar e carboidratos. Não podemos ficar sem dióxido de carbono de jeito nenhum.

Mas é exatamente isso que deve acontecer em um futuro distante. Por centenas de milhões de ano, exceto por algumas vacilações, a concentração de dióxido de carbono na atmosfera está diminuindo. Quanto mais quente se torna o planeta, mais esse processo acelera, porque o calor aumenta o ritmo da erosão e, portanto, o ritmo com que o gás se prende a partículas minúsculas.

"Centenas de milhões de anos" são as palavras-chave. Sim, ao longo de muitíssimo tempo, a concentração de dióxido de carbono pode e provavelmente vai diminuir ainda mais, mas não desaparecerá por completo, porque os vulcões sempre o liberarão. E a vida irá se adaptar a níveis menores, como sempre aconteceu. Precisamos dar mais importância às mudanças relativamente rápidas que abalam esse equilíbrio delicado, como o atual aumento de concentrações de dióxido de carbono devido à queima de combustíveis fósseis. Estamos tirando o dióxido de carbono do solo e o liberando na atmosfera em um ritmo anormal. A Terra já passou por muitas mudanças relativamente rápidas, perdendo muitas formas de vida de repente. No momento, nós encaramos o aumento dos níveis de dióxido de carbono como se estivéssemos hipnotizados e o fator que mais deveria nos preocupar é a rapidez da mudança. Por si só, temperaturas mais quentes não são ruins; porém a natureza precisa de tempo para se preparar.

O problema é especialmente óbvio com as árvores. As populações arbóreas têm um ritmo muito lento. Elas não podem simplesmente se mudar algumas centenas de quilômetros para o norte de tantos em tantos anos, mesmo com o vento e os pássaros levando suas sementes. Quando um passarinho leva a semente de uma faia nessa direção, ela precisa brotar, crescer e, em algum momento, depois que se tornar uma árvore madura, produzir sua própria prole. Assim, esse tipo de jornada para o norte é sempre interrompido por intervalos centenários. A média do ritmo de avanço é cerca de 500 metros por ano. Isso significa que a fuga para o norte leva milhares de anos, um tempo que as faias, os carvalhos e suas amigas não têm. E as espécies que já habitam o Norte também precisam encontrar uma forma de lidar com as mudanças nas condições.

As enormes florestas de coníferas capazes de criar nuvens em um passe de mágica com a emissão do terpeno têm mais trabalho nestes tempos de aquecimento global. O Norte sente mais rápido essas mudanças, e quanto mais quente for o sol, mais substâncias são liberadas por abetos e pinheiros para a produção de nuvens refrescantes. É realmente incrível como essas florestas conseguiram se proteger – até agora.

As árvores não conseguem reagir, a curto prazo, aos problemas criados pelos humanos. Elas vivem tempo demais para conseguir fazer isso. Variações genéticas só ocorrem após uma série de novas gerações e, dependendo das espécies, essas oportunidades surgem apenas em intervalos de algumas centenas de anos – às vezes só após milhares de anos –, quando a árvore-mãe morre e abre espaço para sua prole. Quando uma árvore começa a encontrar instabilidades o tempo todo, ela – ou melhor, a floresta inteira – precisa bolar uma estratégia para contornar essa situação.

As árvores precisam encontrar uma forma de sair do lugar onde crescem, mas nenhuma delas é capaz de fazer isso. Esse é um dilema real, porque cada espécie é adaptada para um clima específico onde consegue se desenvolver. Enquanto coqueiros precisam de temperaturas tropicais durante todo o ano e morrem no frio, as árvores caducifólias não conseguem crescer se não tirarem férias no inverno. Isso é bom. Significa que cada espécie se desenvolve em um lugar com as condições perfeitas para ela. E foi a variedade de climas da Terra que permitiu a evolução de dezenas de milhares de tipos de árvores caducifólias e decíduas.

Agora as condições climáticas mudam o tempo todo e, para as árvores, esse ritmo é rápido demais – até na Europa, que passou por tantas oscilações de temperatura nos últimos séculos, especialmente no período conhecido como a Pequena Era do Gelo. Cientistas da Universidade do Colorado Boulder culpam uma série de erupções vulcânicas por essa variação específica.

Após o ano 1250, quatro montanhas flamejantes perto da linha do Equador entraram em erupção e suas cinzas entraram na atmosfera, se espalhando pelo planeta e bloqueando o sol. Como resultado, segundo os cientistas, as temperaturas diminuíram e as geleiras se expandiram. As propriedades refletoras do gelo intensificaram o frio e o clima ficou ainda mais gelado. Na média, foi uma queda de 2,5°C, um número bem significativo quando pensamos nas consequências que um aquecimento de 2°C pode ter hoje em dia. Foi apenas em 1800 que o mundo voltou a se aquecer aos poucos. Essa foi uma época muito estressante para as árvores, porque cada uma delas precisava ficar onde estava e enfrentar as mudanças que aconteciam – e não era frio o tempo todo; alguns verões foram quentíssimos.[8]

As árvores têm apenas duas estratégias para sobreviver a essa montanha-russa. A primeira é que a maioria aguenta uma variedade bem extensa de climas. Nós encontramos faias na Sicília e no sul da Suécia, na Lapônia e na Espanha. A segunda é que o alcance genético de uma espécie é muito amplo, então sempre é possível encontrar árvores individuais mais capazes de lidar com mudanças de condições climáticas do que as outras da floresta. Em fases problemáticas, são elas que se reproduzem e criam arvoredos mais adaptados ao novo normal. Mas as estratégias das faias e das coníferas criadoras de nuvens não fazem diferença para o nível de variação que estamos discutindo agora. No calor excessivo, as árvores ficam doentes e logo são mortas por besouros escotilíneos – afinal de contas, abetos e pinheiros enfraquecidos são sua comida favorita.

Já que agora é necessário fugir das altas temperaturas, o que importa é a velocidade com que as árvores conseguem se deslocar. Isso significa que uma espécie com pequenas sementes capazes de voar é mais privilegiada? Não necessariamente, porque as árvores têm um grande problema quando se trata de começar uma nova geração. Elas precisam fornecer aos embriões, suas sementes, um estoque de energia na forma de amido ou óleo e gordura. Nos primeiros dias de vida, o broto precisa crescer sem a energia da fotossíntese. As raízes penetram o solo para alcançar água e minerais, enquanto cotilédones, as folhas das sementes, se desenvolvem na superfície, ainda muito diferente das esponjas solares que se tornarão um dia, tão específicas para cada espécie. A luz só passa a transformar água e dióxido de carbono em açúcar depois que as folhas crescem; apenas então o brotinho para de depender do estoque de energia herdado de sua mãe. E o tamanho desse estoque varia entre cada espécie.

Vamos começar com as sementes menores, de salgueiros e álamos. Elas são tão minúsculas que você só consegue enxergar dois pontinhos escuros nos tufos voadores. Cada uma pesa apenas 0,0001 gramas. Com um estoque de energia tão pequeno, a muda mal consegue crescer mais de 2 milímetros antes de perder o fôlego e precisar usar a comida que produz para si mesma através das novas folhas. Isso só dá certo em locais onde não existem ameaças aos brotos. Outras plantas criadoras de sombras acabariam imediatamente com a nova vida. Assim, se um pacotinho felpudo de sementes como esse cair em uma floresta de abetos ou faias, não terá chance. É por isso que salgueiros e álamos são espécies pioneiras que se dão bem em territórios desocupados.

As condições preferidas delas são encontradas depois de erupções vulcânicas, terremotos ou incêndios florestais que devastam áreas verdes. Nessas paisagens, as sementes minúsculas conseguem aproveitar suas vantagens. Sem competição, elas crescem até um metro de altura no primeiro ano - depois disso, plantas herbáceas e gramíneas deixam de prejudicar seu crescimento. O segredo, é claro, é ser o primeiro a encontrar esses lugares. Como os pacotinhos felpudos não têm computador de bordo nem qualquer tipo de volante, a única maneira de conseguirem fazer isso é com suas quantidades imensas. Alguns dos muitos algodões voadores vão aterrissar em um lugar adequado. A árvore-mãe de uma dessas plantas pioneiras solta até 26 milhões de sementes – por ano. Para a espécie se perpetuar, basta que uma das pequeninas encontre um bom lugar a cada 20 a 50 anos e alcance a idade reprodutiva. Parece um desperdício? Como as árvores não sabem onde ficam os melhores lugares, produzir muitas sementes é a única forma de chegarem aonde precisam ir.

No entanto, há outra forma de fazer isso, como mostram a faia e os gaios. O correio aéreo é uma boa modalidade de viagem. Os gaios voam por um quilômetro para depositar sua carga, mas isso é muito para as faias. Seu objetivo não é alcançar os espaços livres e sem árvores, tão raros na Europa Central, mas apenas ter a oportunidade de viajar. As árvores precisam estar em constante expansão para o norte ou o sul, seguindo climas mais frios ou mais quentes, mesmo sem a ajuda dos seres humanos.

Essas mudanças costumam acontecer em um ritmo tão lento que o alcance limitado dos pássaros é suficiente. No caso das faias, essa é apenas uma opção para um pequeno conjunto de sementes; a maioria delas cai aos pés da árvore-mãe, brotando e crescendo em sua sombra. As faias, assim como os douglásias e outras espécies sociáveis, amam suas famílias. Se isso parece um exagero, vale ouvir a opinião da Dra. Suzanne Simard, uma cientista canadense. Ela descobriu que as raízes das árvores-mães conseguem detectar se as mudas aos seus pés são suas filhas ou a prole de outras árvores da mesma espécie. Elas ajudam apenas as suas, transmitindo açúcar para elas através dos sistemas de raízes conectadas – isto é, amamentando-as. Mas não é só isso. Para ajudar as jovens árvores, as mães se recolhem no subsolo, deixando mais espaço, água e nutrientes para as pequenas.

Se existe uma proximidade tão grande, uma vontade tão grande de se conectar com a família, faz sentido permitir que sua prole seja levada embora pelo vento e por pássaros? Não muito, e é por isso que as sementes de faias não conseguem voar. A maioria simplesmente cai dos galhos e aterrissa sobre a cama macia de folhas aos pés da sua mãe. Viagens rápidas não são a sua praia.

No entanto, se uma semente cair em uma floresta de abetos – porque é lá que o gaio guarda seu estoque de inverno –, o broto que nasce dela tem uma boa chance de sobreviver. Ele aguenta pouca iluminação e é paciente. De milímetro em milímetro, ele vai crescendo até alcançar a copa, onde consegue absorver a luz do sol. E começa a produzir suas próprias sementes. Essa faia sozinha, longe da família, deve ter uma vida mais difícil do que as outras, mas ela está cumprindo uma tarefa importante. Assim que a temperatura mudar um pouco, ela será a origem de uma floresta que se expandirá.

Historicamente, essa tem sido uma estratégia brilhante, mas, agora, as árvores com sementes grandes estão se movendo em um ritmo muito lento. Como ajudá-las? Será que não podemos exportar sementes de faias para a Noruega e a Suécia, começando novas florestas de faias e criando espaço para outras árvores, como as da região do Mediterrâneo (que sofrem do mesmo problema), que poderíamos plantar nas florestas da Europa Central?

Além do fato de que já existem florestas de faias no sul da Suécia e da Noruega, acho que essa não é uma boa ideia. Nós sabemos muito pouco sobre o futuro desenrolar do aquecimento global e como climas locais podem mudar. Aquecimento não significa a extinção de invernos frios. Eles apenas não vão ocorrer com a mesma frequência de antes. E, se importarmos espécies de árvores que gostam de calor, elas podem morrer de frio em invernos gélidos. Além disso, árvores como a faia existem em um ecossistema inteiro, com milhares de espécies. Portanto, é melhor concentrarmos nossos esforços em diminuir o ritmo do aumento da temperatura – isso fará com que as árvores, com a sua lentidão, fiquem bem.

Há, no entanto, outro tipo de calor que talvez seja ainda mais perigoso para elas. E como algumas espécies de árvores são basicamente tanques cheios de gasolina, a situação pode acabar pegando fogo.

13. Pode vir quente que a floresta está fervendo

Florestas são armazéns enormes de energia – sua biomassa, tanto viva como morta, contém grandes quantidades de carbono. Dependendo do tipo de floresta, ela pode abrigar mais de 100 mil toneladas por quilômetro quadrado, capazes de liberar 367 mil toneladas de dióxido de carbono (por causa dos dois átomos de oxigênio que são acrescentados quando a madeira pega fogo). Nas florestas de coníferas, as árvores também contêm materiais inflamáveis perigosos: seiva e outros hidrocarbonetos facilmente combustíveis. Não admira que florestas vivam pegando fogo. Incêndios enormes podem durar por meses. A natureza cometeu um erro? Por que a evolução criou espécies que são como latas de gasolina abertas?

As árvores caducifólias mostram que existe uma outra forma de se comportar. Contanto que elas permaneçam vivas, são completamente imunes ao fogo. Isso é algo que você consegue testar por conta própria (mas, por favor, use só um galinho verde). É possível segurar uma chama embaixo dele pelo tempo que quiser, mas o galho não vai pegar fogo. Os abetos, pinheiros e seus amigos, em contrapartida, geram chamas mesmo quando estão frescos. Mas por quê?

Ecologistas florestais acreditam que, nas latitudes nortes – o local onde vive a maioria das árvores coníferas –, o fogo seja uma força natural que cria regeneração, servindo até para preservar a diversidade de espécies. Sob o título "Incêndios criam diversidade de espécies", o site Waldwissen.net, que oferece informações sobre silvicultura para administradores e profissionais da área na Alemanha, publicou uma matéria que discorre sobre as vantagens dos incêndios.[1]

Essa ideia me parece estranha por vários motivos. Em primeiro lugar, temos o conceito de diversidade de espécies. Para esse argumento ser numericamente verificado, é preciso saber quantas espécies existem nas florestas. Muitos organismos não foram descobertos ainda – e isso vale também para a Europa Central, uma região que foi bastante pesquisada. E mesmo quando sabemos que uma espécie existe, nem sempre temos conhecimento de como ela vive e da extensão do seu território. A descoberta de uma espécie só significa que ela foi vista pelo menos uma vez e que sua descrição foi registrada.

Um pequeno besouro que vive em matas virgens foi encontrado na reserva atrás da minha casa. No estado de Rhineland-Palatinate, sua presença só foi detectada em outros dois lugares e apenas na década de 1950. Isso significa que é uma espécie raríssima? Não sabemos, porque, como acontece com muitas áreas de pesquisa especializada, não existe verba para que eles sejam estudados. Mas sabemos que gorgulhos semelhantes ao que encontrei na reserva só conseguem sobreviver quando as condições permanecem iguais por muito tempo. E como as condições de florestas ancestrais raramente mudam por centenas, talvez milhares, de anos, os besourinhos perderam a habilidade de voar. Por que sair zanzando por aí quando você está feliz em casa?

Então não é de surpreender que populações de insetos como esse permaneçam no mesmo lugar por muitíssimo tempo. Sua presença é um sinal de que a floresta permaneceu relativamente intocada por séculos. Um incêndio – que provavelmente se estenderia por uma área enorme – desequilibraria o sistema inteiro. Para onde os pequenos habitantes fugiriam? E, ainda mais importante, eles conseguiriam fugir rápido? Um gorgulho teria dificuldade para escapar de uma poderosa muralha de fogo a pé. Não, na minha opinião, tudo indica que a maioria das florestas em estado natural não tem experiência com incêndios.

Há outros motivos para eu estranhar a categorização de incêndios florestais no mundo todo como um fenômeno inerentemente natural. As pessoas brincam com fogo há centenas de milhares de anos; talvez há muito mais tempo, dependendo da sua definição de pessoa. Se incluirmos antepassados como o *Homo erectus*, então o fogo acompanha nossos ancestrais há cerca de um milhão de anos. É isso que os pesquisadores relataram quando encontraram sinais nítidos de fogueiras para preparar comida, abastecidas com galhos e gramíneas na caverna Wonderwerk, na África do Sul.[2] A análise de fósseis de dentes levou à teoria de que esse relacionamento pode ter o dobro de tempo[3] e que os seres humanos modernos desenvolveram cérebros grandes porque comiam refeições quentes. A comida cozida contém mais energia e é mais fácil de mastigar e digerir do que a crua. É fácil entender por que as pessoas e o fogo se tornaram inseparáveis desde então.

Portanto, faz tempo que o fogo não é um fenômeno exclusivo da natureza. Em todos os locais habitados por nossos ancestrais, ele foi um subproduto de civilizações iniciantes. Então como podemos diferenciar o fogo que surge de forma natural e o criado por seres humanos? Aos nossos olhos, é impossível distinguir os dois em locais ocupados por pessoas e árvores ao mesmo tempo. Como podemos determinar se sinais de carbonização foram causados por um incêndio florestal iniciado por um relâmpago ou por um habitante de cavernas acendendo uma fogueira? Não dá para concluir que incêndios sejam um ciclo natural nesses lugares simplesmente porque eles aconteciam com regularidade e as florestas sempre se regeneravam. No máximo, podemos dizer que o fogo acompanha assentamentos humanos.

Um argumento convincente contra incêndios e florestas andarem de mãos dadas é a existência de árvores individuais muito antigas. Vejamos, por exemplo, a velha Tjikko, um abeto na província Dalarna, na Suécia. De acordo com análises científicas, essa arvorezinha sobrevive há pelo menos 9.550 anos e pode envelhecer ainda mais. Se um incêndio tivesse assolado a região nesse intervalo de tempo, a velha Tjikko já teria partido para o reino dos seus ancestrais.

Mesmo assim, milhares de quilômetros quadrados de florestas europeias queimam todos os anos, especialmente no sul. Há muitos motivos para isso. Primeiro, muitas florestas foram dizimadas. Isso vem da época em que os romanos as derrubavam para construir seus navios. Quando as árvores sumiram, os arbustos dominaram tudo. As florestas não conseguiram se reestabelecer, porque gado, ovelhas e cabras pastavam no seu antigo território, dificultando o crescimento das árvores jovens. A paisagem coberta por arbustos não tinha – e continua não tendo – como se defender do calor implacável do sol e suas folhas e gramíneas secas ofereciam combustível de primeira para as chamas. Em tempos modernos, as florestas que sobreviveram – que geralmente consistem em tipos diferentes de carvalho – foram substituídas por plantações de pinheiros e eucalipto. Ao contrário dos carvalhos, essas duas espécies pegam fogo feito lenha, como atestam nitidamente as estatísticas de incêndios florestais das últimas décadas.

Porém a faísca que inicia as labaredas deve vir de outra fonte. Em casos raros, os relâmpagos são culpados. Contudo, na maior parte das vezes, são as pessoas que colocam fogo na floresta, por uma série de motivos. É comum que elas queiram espaço para a construção de estruturas, algo proibido nas florestas europeias. Depois que a mata desaparecer, novos hotéis e casas podem ocupar seu lugar. Foi isso que aconteceu após incêndios devastadores em 2007. Só na Grécia, mais de 1,5 mil quilômetros quadrados de floresta foram vítimas das chamas, incluindo quase 7,5 quilômetros quadrados da área de proteção ambiental do lago Kaiafas. Mas, em vez de deixar a região se recuperar naturalmente, o governo decidiu permitir a construção de complexos turísticos e aprovar de forma retroativa cerca de 800 estruturas que tinham sido erguidas ilegalmente no local.[4] A motivação dos bombeiros talvez seja ainda pior. Os bombeiros colocam suas vidas em risco sempre que saem para garantir a segurança de pessoas e propriedades e isso torna mais censurável o fato de alguns deles iniciarem queimadas em épocas tranquilas para garantir seus empregos.

A maioria dos incêndios tem uma coisa em comum. A origem deles pode, direta ou indiretamente, ser rastreada até atividades humanas. Apesar de, no geral, as chamas flamejantes não terem causas naturais, agentes florestais continuam utilizando-as como uma desculpa para o desbastamento. O argumento é que, se incêndios florestais são um fenômeno natural para limpar terrenos, então uma rotina de remoção de todas as árvores ao mesmo tempo é inofensiva. Afinal de contas, a própria natureza cria campos livres.

Na verdade, é o oposto. Florestas ancestrais de árvores caducifólias na Europa têm uma característica importante em comum: longos períodos sem mudanças. E é por isso que as árvores nunca desenvolveram nenhuma defesa contra o fogo. Apesar de ser extremamente difícil elas pegarem fogo quando estão vivas, sua pele – a casca – não tolera calor. As faias, por exemplo, são tão sensíveis que ficam com queimaduras de sol quando crescem em uma clareira.

Apesar de incêndios florestais serem exceções raras na maioria das florestas do mundo, alguns ecossistemas são adaptados para esse tipo de evento. Não para a incineração total das árvores – isso seria uma catástrofe inesperada para qualquer floresta –, mas para incêndios que queimam só áreas próximas ao chão. Esse fogo rasteiro é completamente diferente, porque só destrói a vegetação perto do solo, como gramíneas e plantas herbáceas, nunca árvores – pelo menos não as árvores mais velhas. Em ecossistemas adaptados para incêndios, elas têm capacidade de aguentar temperaturas altas de tempos em tempos – isso é visível em suas cascas.

Há, por exemplo, a sequoia-vermelha (*Sequoia sempervirens*), uma das árvores mais poderosas do mundo. Ela é capaz de crescer mais de 100 metros e viver por muitos milhares de anos. Sua casca é macia, grossa e difícil de queimar. Se você encontrar uma dessas em um parque urbano (e elas estão presentes em muitos deles por todo o mundo), se aproxime e pressione o dedão contra a casca. Você se surpreenderá com a maciez. Ela prende muito ar lá dentro, isolando a árvore de forma bastante eficaz. Graças a essas qualidades isolantes, o tronco consegue passar incólume por chamas rápidas, como as criadas por incêndios em campos abertos no verão ou em vegetações rasteiras.

Mas são apenas as mais velhas que se protegem assim. A casca das filhas das sequoias-vermelhas é tão fina que acaba sendo muito danificada e frequentemente queimada pelo fogo. Portanto, elas preveem que vão precisar enfrentar algum incêndio ao longo da vida, mas não precisam dele para sobreviver – e é aí que surge certa confusão. Inclusive, isso mostra que até espécies que se adaptaram ao fogo não gostam de se queimar. É o oposto, na verdade. Nos locais em que o fogo é um componente natural do ecossistema, as árvores maduras são difíceis de queimar justamente para que áreas grandes não sejam reduzidas a cinzas e fumaça.

O pinheiro *Pinus ponderosa*, também nativo da América do Norte, é outra árvore que tem uma casca grossa que protege seu câmbio sensível de incêndios florestais. Ela funciona como a casca da sequoia-vermelha: resguarda as árvores mais velhas contanto que as chamas não alcancem as copas. As ramas são cheias de substâncias inflamáveis. Se o fogo as alcança, logo se alastra para outras árvores, destruindo florestas inteiras. As árvores que deveriam ser a prova de que incêndios são fenômenos naturais apenas mostram que até elas os detestam. O único motivo para terem desenvolvido uma solução para raras faíscas de relâmpagos e fogos rasteiros foi seu potencial de viverem por muito tempo; essas defesas permitem que elas alcancem a velhice.

Na minha opinião, os supostos benefícios exaltados de queimadas, como a liberação de nutrientes e a reciclagem de biomassa morta pelas chamas, são mitos que diminuem o problema causado por pessoas, que brincam com fogo desde a Pré-História. Quando os eventos seguem um rumo normal, não é o fogo que libera nutrientes armazenados e os disponibiliza para novas plantas na forma de cinzas; é o imenso exército de bilhões de engenheiros sanitários animais que cuidam da decomposição (e que são completamente incinerados em grandes queimadas, porque a pele deles é fina).

Trabalhos sujos são ingratos até no reino animal. Os muitos milhares de espécies pequenas e feias não interessam tanto aos seres humanos. Você já ouviu falar de oribatidas? Eles lembram outros ácaros e só pensar nessas criaturas dá calafrios. Tatuzinhos-de-jardim? Quando você os encontra embaixo do capacho na porta de casa, também não sente muita empatia. O mesmo vale para muitas outras espécies que circulam sob as folhas caídas pelo chão. Porém, elas são muito mais importantes para o ecossistema do que, por exemplo, mamíferos grandes, porque sem essas criaturinhas negligenciadas a floresta sufocaria com os próprios detritos.

Faias, carvalhos, abetos e pinheiros produzem novos elementos o tempo todo e precisam se livrar dos antigos. A mudança mais óbvia acontece no outono. As folhas cumpriram seu propósito; agora, elas estão velhas e danificadas por insetos. Antes da despedida, as árvores bombeiam dejetos nelas. Podemos dizer que estão aproveitando a oportunidade para se aliviar. Então elas desenvolvem uma camada de tecido frágil para separar cada folha do galho em que cresce, fazendo-as cair no chão quando a próxima brisa bate. As folhas farfalhantes que agora cobrem o chão – e fazem aquele som delicioso quando você caminha sobre elas – são basicamente o papel higiênico das árvores.

Enquanto as caducifólias perdem todo o verde e ficam peladas, a maioria das coníferas mantém algumas ramas mais jovens nos galhos e se livram apenas das antigas. Isso depende do seu habitat. No extremo norte, a época de floração é curta; há apenas algumas semanas para as folhas crescerem e caírem. As árvores ficariam verdes por pouquíssimo tempo antes de o outono chegar e obrigá-las a se livrar de tudo de novo. A fotossíntese aconteceria apenas por alguns dias e o crescimento e o desenvolvimento de frutos seria quase impossível.

É por isso que os abetos e companhia mantêm suas ramas e guardam substâncias anticongelantes para que elas não congelem nas baixas temperaturas do inverno. Assim que os primeiros dias quentes chegam, as coníferas podem começar a produção de açúcar com força total, sem desperdiçar energia e tempo com a criação de folhas. É como se elas estivessem sempre em espera, prontas para aproveitar o verão curto. No entanto, graças à sua amplitude, elas sofrem mais risco de serem derrubadas por tempestades ou soterradas pela neve. O estreitamento das coroas diminui essas possibilidades. Como a época de floração é curta, o ritmo do aumento de sua altura e largura é baixíssimo e elas podem levar décadas para crescer poucos metros de altura. Isso significa que as tempestades acabam tendo uma vantagem proporcionalmente pequena, fazendo com que os pontos negativos e positivos de permanecer verde o tempo todo sejam equilibrados.

Em zonas climáticas com estações bem-definidas, as folhas das árvores precisam cair; contudo, elas têm um prazo de validade até nos trópicos, sendo trocadas por novas quando ficam desgastadas e feias. É inevitável, assim, que todo painel solar acabe parando no chão, independentemente de ter saído de árvores caducifólias, perenifólias ou coníferas. E eles ficariam lá, enterrados sob metros de camadas de outras folhas caídas, até o dia em que todos os nutrientes do solo acabariam e a floresta ficaria entulhada de detritos – e então morreria.

O exército de bilhões de bactérias, fungos, colêmbolos, ácaros e besouros entra em combate. Essas criaturas minúsculas não estão fazendo nenhum favor às árvores. Elas simplesmente estão com fome. Cada uma segue seu método de processar sua parte do tesouro. Uma saboreia as camadas finas entre as veias das folhas. A outra prefere as veias em si. Algumas se concentram em digerir os excrementos farelentos das líderes do ataque.

Na Europa Central, esse trabalho de grupo demora três anos. Após várias etapas de processamento, as folhas se transformam em fezes puras, ou, para usar um termo mais agradável, húmus. Agora as árvores podem mandar suas raízes para essa camada e usar os nutrientes liberados no processo de decomposição para criar folhas, casca e madeira.

Mas o que acontece com as substâncias que os carinhas comeram e absorveram? Bom, o destino das folhas também lhes aguarda. Na melhor das hipóteses, são devoradas depois de mortas e seus componentes, excretados. Em circunstâncias menos felizes, isso acontece enquanto ainda estão vivas. Momentos dramáticos ocorrem todos os dias nas pilhas de folhas. Assim como leões caçam gazelas na savana, aranhas e besouros caçam e comem colêmbolos na floresta. Centenas de milhares de criaturas minúsculas e muitas centenas de caçadores são encontradas em cada metro quadrado da floresta coberto com uma camada grossa de húmus. Se você enxergar bem e tiver paciência, pode testemunhar essas interações por conta própria. Algumas espécies de colêmbolos chegam a medir vários milímetros e aranhas e besouros são um pouco maiores.

As substâncias reunidas nos animais voltam a circular depois de evacuadas, quando se tornam disponíveis para as plantas também. Essas criaturinhas só não gostam de uma coisa: o frio. Quando esfria demais, elas param de trabalhar. E as camadas mais profundas do solo, entre 10 e 20 centímetros abaixo da superfície de uma floresta intacta, são frias mesmo. Nem fungos e bactérias interagem com o húmus que alcança esses locais, levado pela chuva, e ele permanece praticamente intocado.

Ao longo de milhares de anos, essa camada escura, amarronzada, fica cada vez mais grossa, às vezes formando carvão devido a processos geológicos. Outros materiais são levados mais e mais fundo, ou, melhor dizendo, infiltram o solo junto com um fluxo extremamente lento de água, alcançando uma grande profundidade ao longo de décadas. Lá embaixo, os pacientes habitantes subterrâneos esperam. Quanto mais fundo estão, menos parecem se importar com o tempo. Eles também preferem substâncias orgânicas a cinzas, o que nos leva de volta aos incêndios. A natureza bolou um sistema muito mais sutil e interessante de reciclar nutrientes, preferindo beneficiar milhares de espécies em vez de incinerá-las.

Esses sistemas de reciclagem natural, no entanto, deixaram de funcionar do modo como foram planejados. O fogo não é a única ferramenta que os seres humanos usam para influenciá-los e afetá-los.

14. Nosso papel na natureza

Vamos direto ao assunto para tratar de uma das nossas maiores dificuldades, que é responder essa pergunta: o que é a natureza? São matas tropicais virgens ou montanhas distantes com picos nunca escalados? E os campos cheios de flores nos Alpes, por onde vagam vacas com manchas marrons e sinos grandes no pescoço? Minas a céu aberto, com os lagos e os sapos coaxantes que surgiram após elas serem abandonadas, contam? É provável que existam tantas definições por aí quanto existem pessoas que amam a natureza. Uma definição padrão simples é que a natureza é o oposto de cultura – quer dizer, tudo que o ser humano não criou nem modificou. Essa definição cria limites bem rígidos. Outras encaram as pessoas e suas atividades como parte do mundo natural. Segundo essa perspectiva, não existe uma separação clara entre natureza e cultura.

E esse é exatamente o problema com o movimento de preservação ambiental moderno: o que realmente vale a pena proteger e o que constitui uma ameaça ou até um transtorno? São perguntas com respostas complicadas quando pensamos na natureza perto da nossa casa. No entanto, assim que você deixa sua mente explorar ideias mais abrangentes, o cenário muda de figura. É claro que a floresta amazônica deveria permanecer tão intacta e inalterada quanto possível. E a Antártica – um local que, segundo leis internacionais, não pertence a nenhum país –, por favor, não mexam nela. É fácil encontrar essa mentalidade sobre outras áreas, como os recifes de coral na Austrália ou as florestas ancestrais de Kamchatka. Quando se trata do nosso próprio quintal, as regras se tornam mais maleáveis, o que significa que, sob certas circunstâncias, paisagens culturalmente manipuladas merecem proteção, ainda mais quando o cenário original desapareceu por completo.

Minha tendência é ficar do lado daqueles que defendem uma separação clara; caso contrário, as plantações de dendezeiros em Bornéu vão acabar virando parte da natureza um dia. Mas é fácil fazer essa separação? Que momento da história marca o ponto em que o ser humano começou a ser uma influência problemática? E se quisermos encarar nossa espécie como inconveniente desde seu surgimento, com nossos ancestrais – por exemplo, o *Homo erectus* –, que eram apenas um pouco diferentes de nós? Há muitas perguntas para as quais não temos respostas simples. Particularmente, eu começo a contar a partir do momento em que os nômades se acomodaram e se tornaram fazendeiros. Assim que fizemos isso, práticas seletivas de agricultura começaram a modificar espécies. Esse também foi o momento em que a paisagem começou a ser propositalmente modificada para um ecossistema dedicado apenas a satisfazer necessidades humanas.

As primeiras perturbações irreversíveis contra o meio ambiente se tornaram nítidas, por exemplo, com o resultado do uso de arados. Quando usados na terra, os arados reviram camadas profundas do solo. A terra guarda essas cicatrizes, chamadas de pé-de-arado, por dezenas de milhares de anos, dificultando o escoamento da água. Até o oxigênio tem dificuldade de penetrar a barreira compacta. Como resultado, as raízes de muitas espécies de árvores apodrecem quando tentam atravessá-la, passando a desenvolver sistemas largos e rasos. Então, ao alcançar determinada altura (geralmente em torno de 25 metros), elas se tornam tão sensíveis a tempestades que correm o risco de cair.

Assim como os pássaros e ursos que discutimos, nós também influenciamos a floresta e os tipos de árvores que crescem nelas, e não apenas como resultado de mudanças acidentais causadas por práticas agrícolas. Hoje, 98% das áreas florestais da Alemanha são plantadas, cuidadas e devastadas em escala industrial, mas até nossos ancestrais da Idade da Pedra – que andavam por aí com arco e flecha, não arados e serras – conseguiram criar problemas para a natureza. Eu gostaria de viajar pelo passado com você, voltando alguns milhares de anos para ver o que nossos ancestrais conseguiram causar com os poucos recursos que tinham.

As árvores reagem a mudanças climáticas, e houve uma grande mudança no final da última Era do Gelo. Restos de geleiras com quilômetros de largura finalmente derreteram há cerca de 12 mil anos, expondo uma paisagem desolada. Não restavam florestas na Europa Central. Todas foram destruídas enquanto as geleiras lentamente avançavam para o norte. As árvores ficaram cercadas, porque as geleiras nos Alpes também avançaram, bloqueando seu caminho como uma viga gigantesca e impedindo-as de fugir para o sul. Muitas espécies morreram; outras foram reduzidas a poucos resistentes em vales livres de gelo ou aos sobreviventes nos climas mais quentes do sul da Europa.

Quando o gelo derreteu, a vegetação retornou com hesitação. Primeiro, havia apenas musgo, líquen e gramíneas; árvores e arbustos pequenos logo se juntaram ao grupo. A tundra se desenvolveu, como as encontradas nas áreas mais ao norte do Canadá, Escandinávia e Rússia, onde ainda é possível ver como eram as paisagens logo após a Era do Gelo. Depois, as árvores voltaram. Primeiro, coníferas, como pinheiros, que, junto com as faias, tinham mais resistência ao frio que ainda reinava nessas áreas. Conforme o tempo foi passando, carvalhos e outras caducifólias surgiram, novamente expulsando as coníferas da maioria dos habitats.

No entanto, uma representante da classe das coníferas não arredou o pé: o abeto-branco (*Abies alba*). Ele se move muito devagar e, por enquanto, só alcançou a Alemanha central. Você pode ver a ordem do retorno das árvores com seus próprios olhos nos Alpes, por sinal. No alto das montanhas, onde a Era do Gelo ainda domina, encontramos geleiras. Quanto mais descemos, mais quente fica e mais plantas se desenvolvem – e as plantas em altitudes menores também vão aumentando de tamanho. Entre 4 e 5 mil anos atrás, as faias voltaram do Sul para a Europa Central. Hoje, elas formariam a grande maioria de nossas florestas se não fosse – e esta é uma suposição e tanto – pela intervenção dos seres humanos modernos, que as derrubaram e plantaram novas espécies.

Mas foi só agora que começamos a nos comportar assim? Afinal de contas, nossos ancestrais voltaram para as regiões sem gelo junto com as plantas, após seus ancestrais também serem forçados pelo gelo a se mudar para climas mais quentes. Não havia gente suficiente para causar danos às novas florestas. Na região dentro dos limites atuais da Alemanha, o número total de pessoas zanzando pela paisagem desolada não passava de 4 mil. Então, junto com o calor crescente e o reflorestamento, a população humana foi aumentando e, em 4.000 a.C., já havia cerca de 40 mil pessoas na área. Isso equivalia a mais ou menos uma pessoa a cada 100 quilômetros quadrados. Mesmo que essa gente precisasse queimar muito combustível, o impacto sobre a floresta seria pequeno. Em um espaço desse tamanho, podem ser gerados mais de 100 mil metros cúbicos de madeira anualmente – quase a mesma quantidade de energia usada por mil casas na Alemanha hoje.

O problema, então, não foi o frio que as pessoas sentiam na Idade da Pedra, mas a fome. Naquela época, nossos ancestrais caçavam herbívoros grandes, que gostam de se alimentar de árvores jovens. Os maiores eram os auroques e os bisões, além de cavalos e rinocerontes. Essas espécies se especializavam em comer grama e elas eram tão detalhistas enquanto pastavam por planícies gramadas que impediam qualquer tipo de reflorestamento. Essa é uma informação muito importante para a conversa que teremos agora. Se esses animais, que naturalmente moldavam seu habitat, estivessem presentes em números muito expressivos, as latitudes ao norte provavelmente não teriam florestas naquela época.

Na ausência da mata, os soberanos secretos das paisagens ancestrais não eram as árvores, mas os grandes herbívoros. Manadas de auroques, bisões, cavalos selvagens e cervos pastavam pelas planícies gramadas, destroçando todas as árvores assim que elas surgiam. Pelo menos essa é a teoria. Mesmo que as árvores conseguissem sobreviver a esses grupos e formar uma floresta ampla, os cavalos e os cervos logo destruiriam a casca de carvalhos e faias, matando-as, e a prole das árvores seria constantemente podada por animais famintos em busca de brotos e mudas.

É um fato inquestionável que todos esses herbívoros grandes desapareceram, com exceção dos cervos. Eles foram erradicados por caçadores humanos? Será que alguns poucos representantes da espécie *Homo sapiens* poderiam causar um impacto tão forte? É aqui que a equipe internacional de pesquisa de Sander von der Kaars entra em cena. Eles pesquisaram as águas costeiras da Austrália em busca de restos de excrementos deixados por espécies extintas. Sua teoria é que os caçadores humanos que se estabeleceram no continente cerca de 50 mil anos atrás foram responsáveis pelas extinções. Os cientistas não acreditam que a culpa tenha sido de mudanças climáticas, já que, nesse período, elas não foram tão drásticas na região quanto no hemisfério norte. Menos de mil anos após a chegada dos primeiros australianos, 85% da megafauna – isto é, animais que pesam mais de 44 quilos – havia desaparecido.

O sumiço não teve ligação alguma com o excesso de caça. Foi o contrário, na verdade. Na opinião dos pesquisadores, a reprodução dos animais grandes era tão lenta que até um nível moderado de caça causava grandes danos. Os cientistas calculavam que, se cada caçador matasse um único animal adulto a cada dez anos, as espécies desapareceriam em algumas centenas de anos.[1]

Na melhor das hipóteses, se grandes bandos de gado selvagem, rinocerontes, elefantes e cavalos realmente moldavam a paisagem da Europa Central antes da interferência de caçadores humanos, a paisagem poderia ser tomada por arbustos, mas nunca trechos infinitos de floresta. Os defensores da chamada teoria dos mega-herbívoros sabem que a Europa Central já foi quase totalmente coberta por florestas. Porém, na sua opinião, isso aconteceu por causa das pessoas. Segundo eles, os fazendeiros do período Neolítico caçaram intensamente grandes herbívoros e dizimaram suas populações, oferecendo às florestas uma oportunidade que jamais partiria da natureza – e elas aproveitaram. Eles baseiam essa ideia em descobertas de pólen que confirmam a presença de vegetação em planícies gramadas antes dessa época.[2]

No entanto, também temos provas de uma quantidade enorme de pólen de árvores nesse mesmo período. As duas descobertas não são contraditórias, porque áreas livres de árvores poderiam existir dentro das enormes florestas ancestrais. Estamos falando de pântanos, encostas íngremes ou trechos de praia onde enchentes ferozes não davam muita chance para as árvores sobreviverem. Só não sabemos qual era o tamanho dessas áreas gramados. Elas eram dominantes ou limitadas?

Há mais um argumento que sustenta a teoria das regiões sem árvore. Auroques, bisões e cervos são todos animais que andam em bando. E esse tipo de vida só é possível em planícies. Você já caminhou com um grupo grande por uma mata fechada, fora da trilha? Então sabe que, sob essas circunstâncias, os membros do grupo se espalham e se perdem uns dos outros. É preciso parar o tempo todo e esperar os lanterninhas, e, como é impossível vê-los, você não sabe quando eles vão aparecer.

No caso de animais selvagens, a situação é ainda mais perigosa, porque manadas atraem muito mais atenção de predadores do que indivíduos sozinhos. Os animais usam sons para se comunicar, rastros aromáticos fortes e, mais importante, caminham em uma velocidade mais lenta, porque o grupo inteiro precisa parar e esperar pelos atrasados. Para lobos e ursos, isso é basicamente um convite para um bufê self service.

Animais de floresta, como corços e seus inimigos linces, vagam sozinhos. Só é possível encontrar pequenos grupos de famílias de dois ou três deles nos períodos em que acasalam ou quando estão criando os filhotes. Também há diferenças na maneira como fogem. Enquanto animais que andam em bando costumam correr por quilômetros antes de pararem, os solitários geralmente percorrem menos de 100 metros. A essa altura, eles já estão escondidos na mata fechada, esperando para ver se o caçador se deu ao trabalho de segui-los.

Então podemos dizer que os restos de pólen indicam a existência de áreas livres de floresta, e a presença de grandes herbívoros pastando em manadas apoia essa conclusão. Caçadores humanos podem ter reduzido drasticamente seus números, levando a mata a reconquistar as planícies esvaziadas. A extinção da maioria dos herbívoros grandes e muito grandes confirma essa teoria. Mamutes, rinocerontes-lanudos, elefantes-da-floresta e cavalos selvagens, auroques e bisões (tirando alguns poucos animais no Parque Nacional de Białowieża, na Polônia) – nenhum deles existe mais. E a tendência ao aquecimento dos últimos milhares de anos com certeza não foi o único motivo para seu desaparecimento.

Até aqui, tudo bem. Mas essa teoria é um pouco questionável. Vamos olhar a situação com outros olhos: chegou a hora de abandonar os herbívoros e focarmos nas árvores. As espécies nativas da Europa Central, como carvalhos e faias, se tornaram as soberanas das florestas ancestrais depois de sobreviverem a um longo processo de seleção ao longo de muitas gerações. Uma série de habilidades fantásticas permitiu que elas se perpetuassem por muitos milhões de anos. Mas há uma coisa que essas árvores nunca desenvolveram: proteção contra grandes herbívoros. Nenhuma toxina, nenhum espinho ou ferrão. As árvores jovens, em específico, ficam completamente à mercê de cervos, cavalos e gado. Se a teoria dos mega-herbívoros fosse verdade, isso significaria que as árvores caducifólias nativas da Europa Central viviam sob constante ameaça, sem conseguirem se defender.

Tudo bem, nós acabamos de aprender que algumas dessas árvores conseguem identificar cervos e se encher de substâncias defensivas enquanto são atacadas por eles, mas esse método não adianta no meio de bandos imensos de animais selvagens. Nós sabemos disso por causa dos esforços frustrados dos proprietários de florestas. Não apenas todas as pequenas faias e carvalhos sofrem tantas mordidas que seu crescimento é prejudicado por décadas, fazendo com que pareçam bonsais, como até os brotos injetados com elementos químicos são mastigados ou devorados quando há um excesso de herbívoros e uma escassez de comida na região durante o inverno. As caducifólias são tão deliciosas que não há como salvá-las depois que a população de corços e cervos-vermelhos alcança certa densidade.

Essas depredações não acontecem com plantas típicas de planícies, como abrunheiros e espinheiros; a dica das estratégias de defesa delas já aparece no nome. Até plantas como urtigas e cargos têm armas. Agulhas afiadas, ocas, cheias de toxinas; espinhos que quebram facilmente e permanecem presos à pele; e fibras duras e amargas são alguns dos métodos utilizados por plantas para manter animais longe. Além disso, elas podem enviar suas sementes pelo ar, no vento ou com pássaros, para rapidamente ocuparem espaços disponíveis, mesmo que um pouco distantes. Faias e carvalhos, por outro lado, são completamente indefesos. Como já descrevi, as sementes dessas espécies são depositadas diretamente no pé das árvores-mães e, quando são carregadas por animais, não se distanciam muito. Elas levam milhares de anos para chegar a regiões vazias.

A única conclusão confiável a que podemos chegar é que as manadas herbívoras nunca foram uma ameaça muito grande. Outro ponto a favor dessa interpretação é que as florestas nativas da Europa Central levam cerca de 500 anos para alcançar um equilíbrio estável. Milhões de animais famintos jamais ofereceriam tanto tempo para as árvores. O resumo da ópera é que, apesar dos sinais de plantas de planície e grandes herbívoros, as florestas provavelmente dominavam a região. Até os defensores da teoria dos mega-herbívoros admitem a presença de faias e carvalhos. Se fossem arvoredos isolados, eles teriam sido rapidamente devastados. E suas sementes tão pesadas não conseguiriam viajar por centenas de quilômetros no vento, mas apenas por pequenas distâncias com a ajuda de pássaros. O fato de que essas espécies indefesas continuam sendo encontradas por aí vai contra a ideia de manadas de cavalos e gado destrutores de paisagem.

Essa conclusão é uma péssima notícia para as pessoas que se aproveitam da teoria dos mega-herbívoros em benefício próprio.

Engenheiros florestais adoram um desbastamento, seja ele executado por lenhadores, seja por auroques; ao mesmo tempo, caçadores usam comedouros para aumentar o número de cervos, que então devoram todas as pequenas árvores caducifólias em um raio de quilômetros. Os dois se apropriam da teoria dos mega-herbívoros para argumentar que, com base na história, espaços abertos e animais em excesso não fazem mal à saúde da floresta a longo prazo. Hubert Weiger, presidente do BUND (Amigos da Terra – Alemanha) na Bavária, avisou: "Nosso medo é que uma discussão intelectualmente interessante e técnica sobre preservação ambiental (...) esteja sendo usada por certos proprietários de terras (...) como uma ferramenta política para implementar seus objetivos nocivos."[3]

Além das oscilações naturais na temperatura, as florestas agora precisam lidar com mudanças climáticas que nós causamos. Elas estão acontecendo em um ritmo acelerado – acelerado demais para as árvores. No fim de agosto de 2016, notei um fenômeno estranho quando voltei das minhas férias de verão na Noruega e fiquei assustado. Quando fomos para a Escandinávia, deixamos a floresta que administro em um estado verdejante saudável. Não me preocupei em ficar longe por uma semana. Em Hardangerfjord, nosso destino, choveu tanto que fiquei com inveja do clima previsto para Hümmel: sol forte e temperaturas que ultrapassariam 30ºC. Após uma longa jornada de volta, finalmente vi o que tinha acontecido com nossa floresta de faias nativas e não fiquei nada satisfeito. Durante aqueles poucos dias quentes, muitas das copas tinham se tornado marrons e algumas árvores já haviam perdido grande parte das folhas.

Logo me convenci de que o problema não podia ser falta de água. Tirei algumas amostras do solo de locais diferentes e pressionei-as contra meu dedão e indicador. O solo não esfarelou;

eu conseguia formar pequenos discos que não se deformavam, um sinal de que havia humidade suficiente. Então o que estava acontecendo?

Quando as árvores perdem as folhas durante o verão, geralmente é porque sentem uma sede absurda. Elas preferem descartar as folhas - as superfícies por onde perdem mais água - antes que sequem por completo. Infelizmente, isso significa o fim da estação para elas, porque a fotossíntese se torna impossível. Elas têm energia suficiente apenas para novas folhas nascerem na primavera. Uma geada fora de época que congela folhas e força a árvore a recomeçar ou um ataque de insetos que as obriga a usar estoques de energia para produzir compostos defensivos são momentos estressantes que podem fazer carvalhos e faias morrerem de exaustão. Para os abetos, a morte vem de uma forma ainda mais espetacular. Suas ramas se tornam vermelho-fogo, e como a árvore moribunda logo é descoberta e atacada por besouros escotilíneos, não apenas seus galhos perdem toda a folhagem, como a casca também cai, expondo o tronco.

Voltando ao verão de 2016. Até agosto, o clima estava frio e úmido na nossa região, e as árvores geralmente adoram essas condições. Geralmente. Nas latitudes da Europa Central, o excesso de chuva no verão pode beneficiar pestes. Essa foi a causa de uma queda de folhas inicial em julho. Nesse primeiro momento, os culpados foram fungos que se alimentaram loucamente da folhagem, deixando-a cheia de manchas marrons ou cobrindo-a com uma camada leitosa fina de bolor. Quando suas células solares verdes foram sobrecarregadas, as árvores se livraram delas. Em alguns dias, as folhas caíam das copas como se já fosse outono. E então veio a mudança rápida e perigosa para um clima muito quente e seco. Essa transformação repentina foi o suficiente para acabar com o equilíbrio até das árvores mais fortes. Em poucos dias, muitas caducifólias ficaram marrons e finalmente descartaram as folhas que conseguiram escapar dos fungos.

Nas florestas cultivadas em que as árvores eram constantemente derrubadas, os sintomas eram ainda mais notáveis. Seria de se esperar que isso acontecesse, porque, em comparação com as florestas deixadas em paz, as copas delas apresentam buracos demais para a entrada de sol. Isso significa que a área esquenta mais rápido, o ar seca com a mesma velocidade e todas as condições mudam de forma muito repentina. Em contrapartida, nas florestas que regulam seu microclima por conta própria, as condições permanecem mais agradáveis. Além disso, as árvores nessas florestas apoiam umas às outras através de suas redes de raízes e fungos, salvando as amigas enfraquecidas.

E o clima em outras fases do ano? Por ser engenheiro florestal, sempre fico de olho nas previsões. Durante tempestades no inverno, fico preocupado com os abetos velhos que podem cair. Se isso acontecer, as pequenas faias ao seu redor, que ainda precisam da sombra das guardiãs (apesar da falta de parentesco entre elas), ficarão expostas ao sol no verão seguinte, indefesas. Se chover demais, aumenta o risco de o solo amaciar e deixar de oferecer tanto apoio para as raízes. Eu prefiro dias congelantes no inverno, porque eles significam a ausência de precipitações. O frio de verdade só acontece em áreas de alta pressão, onde as noites livres de nuvens permitem que o calor do solo irradie para o espaço sideral.

E por que a falta de chuva e neve também é ruim? Na Europa Central, as árvores não recebem água suficiente das nuvens de chuva do verão, então precisam usar o estoque que guardaram durante o inverno. Muita umidade é armazenada no solo nos períodos em que as árvores não crescem e elas conseguem usá-la para suplementar a chuva que cai nos meses quentes do ano – contanto que tenha chovido bastante no inverno anterior.

Dias quentes de verão também me preocupam. Se eles ocorrem um atrás do outro, o solo seca, prejudicando as árvores. Elas se tornam mais suscetíveis a doenças, como já expliquei. Quando a chuva vem, geralmente é acompanhada por trovoadas. Pouco antes de a tempestade começar, o vento aumenta de velocidade e as grandes árvores caducifólias que eu tanto amo são as que mais correm risco, porque têm mais superfícies nas copas para o vento atacar. No inverno, quando as tempestades geralmente ocorrem na Europa, elas exibem um perfil desfolhado, seguindo os ensinamentos da evolução. Então não gosto desse tipo de clima.

Deu para entender? Um engenheiro florestal como eu nunca vai ficar satisfeito com os deuses do clima. A minha justificativa é que fico preocupado com as árvores e seu futuro. Como presto atenção todos os dias, noto as mudanças que aumentam lentamente a cada ano. Não se trata apenas dos invernos amenos, que sempre são noticiados na televisão. Também há uma mudança visível nas estações. Na reserva que administro, a primeira neve só tem aparecido em janeiro, embora ela esteja a mais de 500 metros de altitude e devesse receber pelo menos uma nevasca em novembro, no máximo. Março não anda oferecendo dias quentes o suficiente para eu me sentar no quintal.

As abelhas acabam passando frio, porque as flores nos campos e outras fontes de néctar só aparecem mais tarde ou as baixas temperaturas as impedem de sair em expedições. E enquanto centros de jardinagem oferecem uma grande variedade de flores para vasos e canteiros, precisamos esperar até o meio de maio para o jardim da nossa casa na floresta se encher de cor. A última neve da temporada cai em abril e as geadas às vezes continuam até o início de junho – então precisamos comprar mais petúnias. Ultimamente, na Alemanha, o clima só começa a ficar muito quente em agosto; em 2016, só esquentou no meio de setembro. De uma perspectiva meteorológica, o outono já deveria ter chegado a essa altura – com alguns últimos dias de calor para nos alegrar, claro, mas seria de se esperar que a temperatura estivesse diminuindo, especialmente à noite.

Esse leve atraso do calendário pode não fazer diferença para nós, mas, infelizmente, o relógio interno das árvores funciona um pouco diferente – ou talvez elas sejam apenas mais teimosas. Da mesma forma que nós, elas percebem que os dias estão encurtando e começam a se preparar para o repouso do inverno. No entanto, passar mais quatro semanas segurando suas folhas não é uma opção, porque apesar do aquecimento elas ainda precisam lidar com a possibilidade de o inverno chegar mais cedo com uma nevasca pesada. As árvores que mantivessem as folhas por tempo demais sob o sol do outono seriam punidas; seus galhos quebrariam e algumas delas perderiam o equilíbrio e cairiam, como aconteceu durante uma nevasca forte em outubro de 2015, na Alemanha.

O único recurso que resta às árvores é fugir para o norte, algo que estão fazendo. Ou estão tentando. Nós nunca imaginamos que as árvores podem migrar. Os trechos de floresta que delimitamos como nossas propriedades criam obstáculos intransponíveis para as árvores que desejam estender seu alcance para climas mais frios.

Um exemplo simples disso é nosso gramado. Quando corto grama, sempre vejo pequenas sementes de carvalho espalhadas, que infelizmente acabam sendo vítimas do meu cortador. Tudo bem, a mãe delas está a 30 metros de distância dali, mas isso continua sendo uma migração, mesmo que lenta. Já expliquei a distância que pássaros e o vento conseguem carregar sementes, porém, se temos planos para cada pedacinho de terra onde elas aterrissam, as árvores não conseguem iniciar sua jornada para o norte.

Quando se trata de migração animal, manadas enormes de antílopes, zebras e elefantes vão de uma reserva para outra através de caminhos mantidos por esforços internacionais. Até na Europa Central há certa mobilização pela migração animal – para ajudar gatos selvagens, por exemplo. Organizações ambientais como o BUND atuam na manutenção de corredores para os minitigres conseguirem expandir seu território e voltarem a vagar pela Alemanha.[4]

E as árvores? Elas avançam tão devagar que ninguém está preocupado com a sua migração. Até os engenheiros florestais dizem que os carvalhos e companhia são lentos demais para alcançar altitudes mais altas conforme o clima se transforma. Mas o problema não é sua lerdeza, mas a forma como confinamos suas populações. Sempre que uma das sementes brota em um local onde não queremos árvores, nós a removemos. Abetos devem crescer no lugar X e faias, no lugar Y. Um pedaço de terra ali pode ser usado para agricultura; outro é listado como um campo. Esses limites rígidos atrapalham o objetivo da natureza: mudança.

Isso nos traz de volta ao meu gramado, e, sim, também sou culpado. Se colocarmos o meio ambiente em uma camisa de força, será que vamos conseguir entender como ele reage a mudanças climáticas? Será que as árvores da Europa Central são mesmo lentas demais para alcançar os climas frios do Norte?

Além da economia de energia como forma de proteger o clima em geral, entendo que a criação de mais reservas seja uma boa solução. Nós precisamos que áreas de florestas selvagens sejam como as pedras que usamos para cruzar um rio sem molhar os pés. Se houvesse uma quantidade suficiente delas, os animais poderiam trafegar por esses espaços com liberdade, sem passar por nossas paisagens culturalmente manipuladas. E se essas áreas não fossem tão distantes umas das outras, nós poderíamos ver como as árvores reagem ao aquecimento global – e talvez descobriríamos que elas não têm qualquer intenção de seguir para o norte.

Nós já sabemos que as florestas de faias conseguem se resfriar em verões quentes quando não são incomodadas por práticas comerciais. É apenas quando as árvores são derrubadas e a luz do sol penetra a sombra sob os troncos escuros restantes, fazendo o ar secar e aquecer, que as gigantes começam a enfrentar problemas. Isso faz com que a solução seja clara e simples. Menos uso de madeira = menos uso de energia = menos mudanças climáticas = florestas saudáveis e resistentes. Se essa fórmula fosse seguida em pelo menos uma porção de terra, haveria esperança para as gigantes lentas do reino vegetal.

Alguns efeitos da atividade humana na natureza são bem mais sutis e difíceis de rastrear do que a derrubada de árvores, simplesmente porque a causa e o efeito ocorrem em intervalos muito maiores.

Em 1997, fui aos Estados Unidos com minha família pela primeira vez e fiz outra visita 20 anos depois. Nós ficamos impressionados com o país. Os parques nacionais com suas formações rochosas imponentes são de tirar o fôlego. Além das plantas e animais naquela paisagem vasta livre de pessoas, foram os formatos bizarros das pedras em Utah que chamaram nossa atenção.

O Parque Nacional dos Arcos recebeu esse nome pela quantidade altíssima de arcos de pedra impressionantes que abriga. Algumas dessas formações parecem tão frágeis apesar de seu tamanho imponente que visitantes maravilhados se perguntam como elas permanecem de pé após milhares de anos de vento e chuva. Hoje, essa pergunta deixou de valer para muitos deles.

Desde 1977, 43 arcos desabaram apenas no Parque Nacional de Canyonlands. Uma série dessas tragédias – pois é isso que são, muito mais para os povos indígenas que os consideram sagrados do que para os turistas – foi causada por atividade humana.

Uma equipe de pesquisadores da Universidade de Utah descobriu que as pedras balançam por uma variedade de motivos. A maioria dos movimentos é causada por eventos naturais. Depois dos terremotos, a principal culpada é a oscilação de temperatura. A pedra se expande durante o calor do dia e se contrai enquanto resfria à noite, fazendo com que os arcos afundem um pouco.

Para compreender as outras causas, os cientistas resolveram investigar a Rainbow Bridge, que é considerada uma das pontes naturais mais altas do mundo e é um local sagrado para a Nação Navajo. Turistas não podem visitá-la. Se quiserem vê-la, precisam fazer um passeio de barco por um afluente do lago Powell, sendo guiados até um observatório por um guia. Essas precauções não foram implantadas para proteger a ponte, mas em respeito aos grupos indígenas da região. O turismo não é a principal ameaça à ponte.

Segundo as descobertas da equipe de Jeffrey R. Moore, as repercussões da atividade humana podem ser detectadas na pedra – em intervalos de poucos segundos. O ritmo das ondas gentilmente batendo na costa do lago Powell é mensurável na Rainbow Bridge, a quilômetros de distância, porque o movimento das ondas causa vibrações contínuas, apesar de fracas, na pedra.[5] Se algo assim é mensurável, não é de surpreender que ondas de choque de uma operação de perfuração em Oklahoma – a 1,6 mil quilômetros de distância – também sejam detectadas. No fim das contas, é difícil determinar por que exatamente os arcos caíram em um passado recente; no entanto, esse é um bom exemplo dos efeitos da atividade humana em ecossistemas.

A água subterrânea também é relevante para a discussão. O problema que acabei de explicar sobre a queda dos arcos me deu uma ideia. Ela não passa de especulação, porque, até onde sei, nunca foi testada. A água no fundo do solo contém gases. Eles incluem o oxigênio que crustáceos e outras criaturinhas subterrâneas precisam para respirar, assim como, consequentemente, o dióxido de carbono que exalam. Você sabe o que acontece quando sacudimos uma garrafa de água com gás: o dióxido de carbono cria bolhas, escapando e tornando a água menos ácida.

Podemos comparar o sistema de água subterrânea com uma imensa garrafa que é constantemente sacudida por tremores artificiais. Sem dúvida, isso deve causar mudanças na quantidade de gás e acidez da água. Pelo menos, esse pode ser o caso nas áreas próximas a operações de fraturamento hidráulico, que usa líquido pressurizado para fraturar o solo a até 3 mil metros abaixo da superfície. Esse processo produz uma infinidade de terremotos. Como efeito colateral, muitas substâncias químicas permanecem no solo, suas partículas finas se dispersando e se infiltrando nas rachaduras nas camadas afetadas. Fico me perguntando o que os crustáceos cegos diriam sobre essa mudança em seu ecossistema.

Na Europa Central, a maioria das correntes subterrâneas desse ecossistema maravilhoso permanece intocada, mas mudanças dramáticas ocorreram perto de áreas urbanas. Para começo de conversa, poluentes agrícolas e industriais estão vazando para o subsolo. Depois, quantidades enormes de água são bombeadas para fora do solo todos os dias. Só na Alemanha, cerca de 10 milhões de metros cúbicos de água saem de torneiras diariamente. E então temos os usos industriais, como em minas abertas, que são esvaziadas da água subterrânea que flui para elas em quantidades inimagináveis. Em uma mina de carvão perto de Colônia,

550 milhões de metros cúbicos de água foram retirados apenas em 2004. É um valor 1,5 vezes maior do que a quantidade de água potável usada na Alemanha inteira em um ano. Uma área subterrânea de pelo menos 3 mil quilômetros quadrados é afetada, onde habitam seres vivos que ainda não estudamos e cuja influência sobre ciclos naturais ainda não compreendemos.

Apesar disso, há grandes regiões em que a água subterrânea permanece intacta, e, junto com as camadas profundas de solo, elas realmente são os últimos habitats intocados na Europa Central. Não precisamos ir longe para encontrar natureza de verdade: está mais perto do que o parque nacional ou a reserva preservada mais próximos, mas ainda assim ao seu alcance.

O que está bem próximo e imediatamente acessível, contudo, são os resultados dos últimos 100 mil anos de evolução humana.

15. O fator desconhecido em nossos genes

A espécie *Homo sapiens* acabou sendo muito bem-sucedida (até agora), talvez devido à nossa natureza agressiva (vou explicar por que ao longo deste capítulo). Não estou falando do possível ímpeto de atacarmos uns aos outros, mas da nossa tendência a agredir outras espécies. E essa agressão está relacionada ao nosso sucesso evolucionário, que nos tornou o que somos hoje. Mas o declínio de outras espécies talvez seja um sinal de que esse sucesso foi um tanto excessivo. Será que o desejo de atrapalhar o mecanismo gigante da natureza está armazenado nos nossos genes? Ou nós conseguimos escapar das suas engrenagens e começamos um ecossistema paralelo?

Já ouvi pessoas afirmando que os humanos modernos acabaram com a evolução. Essa ideia teve origem por causa dos avanços da medicina. Quantos de nós ainda estariam vivos se não fossem operações de apêndice, injeções de insulina, betabloqueadores ou até óculos de grau? Dez mil anos atrás, os problemas que nos afetam hoje nos tornariam alvos fáceis para predadores. A verdade é que a evolução teria acabado com a gente. Então, se apesar das fraquezas físicas nós sobrevivemos com a ajuda da medicina e passamos esses defeitos para a próxima geração, isso significa que nossa espécie está se tornando mais frágil e seria extinta caso perdesse o acesso a médicos de repente?

Para chegarmos a uma conclusão, precisamos apontar duas

questões. Primeiro, se a evolução realmente foi interrompida, e segundo, se o uso da medicina pode fazer parte da evolução e indicar um estágio avançado de desenvolvimento.

A resposta para a primeira pergunta é fácil. A evolução obviamente continua existindo, ainda mais no que se refere a doenças. Muitas pessoas ainda vivem em locais onde o risco e os problemas de saúde permanecem altos. De acordo com a Organização Mundial da Saúde, apenas em 2015, 200 milhões de pessoas tiveram malária e 440 mil morreram em função disso. Em locais com grande número de casos, um distúrbio sanguíneo genético raro também é prevalente: a anemia falciforme. Essa doença faz com que glóbulos vermelhos tenham formato de foice, em vez de disco, como é normalmente. A pessoa apresenta dificuldade em levar oxigênio para os órgãos e geralmente morre antes dos 30 anos. No entanto, a maioria dos casos é leve, o que significa que o portador dos genes da doença tem glóbulos sanguíneos com formato normal e de foice, podendo levar uma vida quase normal.

O fator a ser observado é a presença da malária. Nessa doença, parasitas transmitidos por picada de mosquito atacam e destroem glóbulos vermelhos. A malária avança em etapas. Períodos de febre, acionados pela destruição em massa de glóbulos sanguíneos, acabam levando ao colapso total do organismo. Pessoas com anemia falciforme têm uma resistência natural à malária. Ainda não se sabe exatamente por quê. De toda forma, os portadores da anemia que são afetados por ela têm uma grande vantagem sobre os outros. Isso significa que, nas regiões onde a malária é difundida, encontramos mais pessoas com essa mutação genética.

Então a impressão de que a evolução estagnou e de que os seres humanos chegaram ao auge do sucesso é falsa. As pessoas em países industrializados ricos apenas se distanciaram dos processos que acontecem ao seu redor, mas a natureza continua pressionando. Câncer, ataques cardíacos e derrames são apenas alguns dos fatores que não conseguimos controlar, apesar dos avanços médicos. Na verdade, a necessidade da medicina moderna é consequência da civilização moderna. As aflições chamadas de males da civilização não eram tão comuns há milhares de anos. Aparelhos ortodônticos, cirurgias ortopédicas e pontes aorto-coronárias são necessários apenas por causa dos estilos de vida ocidentais nada saudáveis. Sob essa luz, as descobertas médicas que supostamente interrompem a montanha-russa da evolução apenas a impulsionaram em uma direção diferente. Em vez de pestes, o colesterol e companhia são agora os fatores que selecionam o fundo genético.

Além disso, os muitos canteiros de obra em nossos corpos são prova de que processos evolucionários arcaicos continuam funcionando como antes. Nossa boca perde dentes desnecessários (sisos), o sistema digestivo perde partes inúteis (o apêndice) e nosso corpo – para a eterna tristeza dos homens – perde pelos. É pouco provável que o ser humano continue tendo a mesma aparência daqui a 50 mil anos. Então a evolução está indo de vento em popa, mesmo que a gente tenha a impressão de ter alcançado o fim de uma longa jornada. Na verdade, as mudanças acontecem tão devagar que não percebemos.

Vamos fazer uma comparação observando a superfície do nosso planeta. A aparência dos territórios, o formato dos continentes, parece não mudar nunca, apesar de termos aprendido na escola sobre os movimentos das placas tectônicas que formam a crosta da Terra. Essas placas, que sustentam continentes inteiros, flutuam sobre rocha derretida em direção umas às outras (impulsionando o crescimento de montanhas) ou seguindo para o lado oposto (abrindo fendas por onde lava vaza para a superfície). A América do Norte e a Europa, que estão em placas diferentes, se distanciam 2 centímetros por ano, o dobro da velocidade em que as unhas da mão crescem. Com exceção de um punhado de cientistas, ninguém repara nisso, porém, em 10 milhões de anos – daqui a pouco, geologicamente falando – isso totalizará 200 quilômetros. Quando as coisas ocasionalmente ficam presas e as placas emperradas dão um jeito de se soltar, terremotos nos alertam da confusão.

Isso nos leva a uma pergunta importante. A evolução segue velocidades e rumos diferentes em lugares diferentes? Enquanto algumas pessoas sentem o impacto total do processo de seleção na forma de doenças, outras – geralmente em países industrializados – têm uma experiência amenizada por uma variedade de recursos. No entanto, aquilo que parece uma vantagem para indivíduos, a longo prazo, pode ser uma desvantagem para a população em geral em qualquer área. A vitória sobre as pestes acabou com um dos fatores mais importantes que constantemente mudaram nossa constituição genética. Se a evolução realmente quase foi interrompida para pessoas em países ricos, elas poderiam acabar sendo dominadas, geneticamente falando, por pessoas que vivem em locais com menos acesso aos avanços médicos ocidentais daqui a muitos milhares de anos.

No mundo moderno, no entanto, tais desdobramentos são impossíveis, porque nossa ampla mobilidade acaba com esse processo. A migração cada vez mais diminui as diferenças locais. Muitas pessoas têm ancestrais que vieram de outros países, o que significa que uma separação genética gradual dos seres humanos é impossível – pelo menos por enquanto. Para isso, seria necessário que as populações passassem muito tempo isoladas, algo que não vai acontecer na era das viagens pelo mundo e imigração. Pesquisadores afirmam que todas as pessoas vivas hoje estão conectadas a uma Eva mitocondrial, que viveu entre 150 e 200 mil anos atrás. As variações de cor de pele e outras características que se desenvolveram depois estão desaparecendo cada vez mais rápido. Enquanto algumas pessoas lamentam a perda de diversidade, outras encaram isso como uma oportunidade para a humanidade se despedir de diferenças raciais.

A evolução, contudo, pode avançar em direções completamente inesperadas. Houve uma época em que o *Homo sapiens* não era a única espécie hominini a caminhar pelo planeta. Para explorar mais esse assunto, vamos dar uma olhada em alguns parentes distantes que vieram do vale de Neander, na Alemanha. O cérebro dos neandertais musculosos da Idade da Pedra tinha quase o mesmo tamanho que o nosso. Sua cultura era relativamente avançada. Havia divisões de tarefas em seus assentamentos. Eles produziam lanças ornadas de pedra presas a cabos de madeira, pintavam os corpos, enterravam seus mortos e falavam em uma língua que foi silenciada há tempos.

Cientistas acreditam que o *Homo sapiens* e os neandertais viveram lado a lado na Europa por alguns milhares de anos. Os seres humanos modernos, que chegaram mais tarde à cena, com certeza aprenderam alguma coisa com seus vizinhos fortes. Será que essa espécie de humano era mentalmente igual ao *Homo sapiens* primitivo? Essa questão é discutida por cientistas, mas, na minha opinião, isso é feito de forma um tanto questionável, porque o *Homo sapiens* inicial era diferente das pessoas de hoje... em nada! Assim, se a resposta dessa pergunta fosse afirmativa, isso só significaria que o prêmio intelectual que acreditávamos ser apenas nosso precisa ser compartilhado com outra espécie –

e que a evolução passou a coroa para os seres humanos não por causa do tamanho de nossos cérebros, mas por suas tendências mais agressivas –, afinal nós expulsamos os neandertais e talvez até os tenhamos usado como fonte de carne.[1]

Existem alguns argumentos contra essa teoria, mas ainda não é possível discutir o assunto de forma objetiva, porque as pessoas continuam vendendo a ideia de que os neandertais tinham uma capacidade intelectual mínima. Vejamos a linguagem, por exemplo. Eles tinham um ossinho sob a língua, o hioide. Esse osso é necessário para a fala. Também há um gene específico, o FOXP2, que é considerado indispensável para compreender expressões verbais, e os neandertais o possuíam. Porém, para os cientistas, isso não é prova de que os neandertais usavam idiomas, apenas de que eram fisicamente capazes de falar. Seguindo essa linha de raciocínio, podemos presumir que a presença de globos oculares nos crânios de neandertais encontrados indica apenas que eles tinham olhos. Se eram mesmo capazes de enxergar é outra história.

O tamanho do cérebro neandertal foi explicado como uma adaptação ao frio ou aos seus corpos levemente mais pesados. (Um cérebro do mesmo tamanho em um corpo maior significa um cérebro proporcionalmente menor.) No entanto, existem pessoas hoje em dia que têm peso e musculatura próximos aos dos neandertais, com cérebros do tamanho normal. Se esse argumento fosse válido, fisiculturistas ganhariam neurônios e músculos na academia.

Outro dogma da ciência foi desmentido alguns anos atrás. Ele dizia que os neandertais e os humanos modernos não se misturavam; portanto, não seria possível encontrar material de nossos primos mais grosseiros em nossos genes. Porém, o mapeamento do genoma humano apresentou uma série de surpresas que fizeram os neandertais aparecerem de novo na conversa. Hoje, pesquisadores acreditam que 1,5% a 4% da herança genética da maioria das pessoas de ancestralidade europeia e asiática venha, de alguma forma, dos neandertais.[2]

Nossos parentes extintos dão sinal de vida na cor da pele e dos olhos de muitos de nossos contemporâneos. Tons claros e íris azuis – a opinião científica atual afirma que essas foram adaptações neandertais ao seu habitat nortista. Na Alemanha, o sol é menos forte, então uma proteção solar natural se torna desnecessária. Quando o *Homo sapiens* vindo da África fez sexo com seus vizinhos do Norte, permanentemente passaram essas características para seus descendentes. Há outras que permanecem ativas hoje, incluindo a tendência à depressão e o vício em derivados de tabaco.[3]

Essas relações eram uma via de mão dupla e nossos genes também foram passados para os neandertais, algo que os cientistas acreditaram ser impossível por muito tempo. Cerca de 100 mil anos atrás, os seres humanos modernos e seus primos extintos se conheceram e se tornaram íntimos. Tão íntimos que sinais desses encontros românticos foram encontrados nos ossos neandertais descobertos nas montanhas Altai.[4]

As pesquisas sobre os neandertais dizem muito. Nós só atribuímos a essa espécie humana as características que são indiscutíveis segundo as últimas pesquisas. Não seria mais sincero afirmar que, apesar de termos certeza de algumas coisas, há outras sobre as quais (ainda) não sabemos muito? Desse jeito, fica parecendo que estamos afirmando que não podem existir outros seres tão inteligentes quanto nós. E nada pode abalar essa crença. Não por ser proibido, mas porque nossos instintos lutam contra essa ideia com um poderoso "Nunca!".

A natureza conhece apenas dois caminhos para o futuro de

todas as espécies: adaptação ou morte. E a adaptação pode incluir mudanças na capacidade intelectual (e é disso que estamos falando aqui). Só para deixar claro: evolução significa se adaptar a mudanças, não necessariamente passar por melhorias ou desenvolver um cérebro maior.

Pesquisadores dos Estados Unidos desconfiam que há desvantagens importantes no nosso cérebro poderoso. Eles compararam a programação autodestrutiva de células humanas, que acaba com células velhas e danificadas, com o comportamento semelhante de células de macacos. O teste mostrou que o mecanismo de limpeza é muito mais eficiente nos macacos do que nas pessoas, e os pesquisadores acreditam que o ritmo reduzido com que as células são quebradas nos humanos permite que o cérebro se torne maior e as células se conectem mais. Essa melhoria na inteligência provavelmente tem seu preço, porque o mecanismo de limpeza também descarta células cancerígenas.[5] Enquanto os macacos quase nunca têm câncer, a doença é uma das principais causas de morte entre pessoas. O preço das nossas capacidades intelectuais é alto demais? Se nosso nível atual de inteligência não for adequado para a sobrevivência da humanidade, ele deve aumentar ou diminuir. A última opção talvez seja inaceitável graças ao nosso orgulho.

Porém, se deixarmos de lado as coisas maravilhosas que nossos cérebros grandes nos permitem fazer, podemos questionar se a capacidade intelectual que temos hoje realmente é necessária para nossa qualidade de vida. O que importa de verdade? Queremos, claro, felicidade, amor e segurança, junto com pequenas alegrias diárias, como uma comida gostosa; uma casa acolhedora; e outros confortos. Você percebeu algo? Todas essas coisas estão conectadas a sentimentos, instintos, não a conquistas intelectuais. As pessoas vivas no ano 50000 d.C. serão capazes de ter vidas gratificantes independentemente do tamanho de seus cérebros, contanto que consigam se adaptar às transformações constantes no ambiente. E elas vão conseguir. É impossível escapar da natureza.

16. O velho relógio

A natureza é muito mais complicada do que o movimento delicadamente calibrado de um relógio, mas, mesmo assim, quero voltar ao exemplo que dei na Introdução. Nós já vimos várias consequências de quando tiramos uma engrenagenzinha do lugar sem pensar no resultado. Assim como acontece com os mecanismos internos do relógio, essa perda dá início a uma reação em cadeia que transforma o sistema inteiro.

Mas e se o relógio quebrar e nós quisermos consertá-lo? Sabemos que a natureza é capaz de consertar a si mesma em certas circunstâncias, mas também sabemos que isso demora. Nos casos em que os processos naturais levam centenas ou milhares de anos, será que os humanos podem ajudar a acelerá-lo? Especialmente aqueles que nos permitem ver respostas – no geral, o objetivo é esse mesmo. Nós queremos sentir as melhorias. Por que parar de usar veículos abastecidos com combustíveis fósseis ou evitar materiais feitos deles quando as consequências dos nossos atos só serão testemunhadas por nossos tataranetos? Assim, queremos gestos que gerem mudanças positivas o mais rápido possível. Mas quando decidimos consertar o mecanismo interno do meio ambiente, um problema importante aparece: como sabemos quando ele está quebrado?

O tetraz-grande é um bom exemplo de uma tentativa de consertar as coisas. Esse grande pássaro parecido com uma galinha (dependendo do gênero, ele pesa até 4 quilos) vive em florestas boreais de coníferas – isto é, gosta dos abetos e pinheiros do Norte. Lá, sua dieta consiste em insetos, mas principalmente em folhas e mirtilos. Minha família e eu encontramos esses pequenos arbustos por todo canto enquanto passeávamos pelas florestas da Lapônia. Durante nossas caminhadas pelas *fjäll* (montanhas), também vimos uma infinidade de tetrazes. Nós ficávamos empolgados sempre que os pássaros cruzavam nosso caminho, apesar de essa ser uma visão comum no norte da Escandinávia. Lá, eles são considerados animais de caça e costumam ser os astros de ensopados.

Na Europa Central, a situação é diferente e essas aves são extremamente protegidas. Não há muitos habitats adequados para elas por aqui, porque florestas coníferas naturais grandes e cheias de arbustos de mirtilos são encontradas apenas em regiões dos Alpes. Sob a perspectiva climática, áreas alpinas na Alemanha são como pedacinhos minúsculos da Escandinávia. No alto das montanhas, os invernos são longos e rígidos, frios demais para árvores caducifólias. Então um punhado de tenazes-grandes vive lá, no meio da mata. Pequenas populações isoladas de qualquer espécie são instáveis, é claro. O grupo todo é ameaçado quando alguns animais morrem.

Na Idade Média, a situação na Europa Central era muito melhor para esses pássaros. A derrubada de florestas criou paisagens semiabertas onde arbustos de mirtilo cresciam em abundância. Até hoje é possível encontrar essas plantinhas em muitas florestas de coníferas plantadas, especialmente nas de pinheiros. Como elas ficam na sombra de árvores, quase nunca dão frutos, mas são um lembrete de tempos passados, quando a remoção de bosques criou as clareiras em que elas adoram viver.

Essa atividade humana agradava os tetrazes. Eles foram se expandindo para o sul e se acomodaram em habitats onde não surgiam naturalmente. As florestas mudaram de novo com o advento da silvicultura. Pastos e terrenos agrícolas foram reflorestados; matas devastadas, recuperadas e preenchidas. As árvores caducifólias voltaram cheias de força para substituir algumas das plantações tristes de coníferas e a paisagem se tornou muito mais escura sob seus galhos frondosos. A situação não parecia boa para os mirtilos e outros arbustos, assim como para as formigas-vermelhas, que perderam o acesso às ramas dos pinheiros que usavam para construir suas casas, e não recebiam mais feixes de luz solar que tornavam o clima quente suficiente para suas atividades.

O renascimento das florestas de faias, a vegetação nativa da Alemanha, foi um golpe fatal para os adeptos de paisagens culturalmente manipuladas: os tetrazes e os mirtilos. Isso é ruim? Não. Os tetrazes apenas estão sendo incentivados a retornar para os locais de onde vieram e, como recompensa, os raros habitantes das florestas de faias alemãs recebem seus habitats antigos de volta.

Poderíamos dizer que, aos poucos, tudo está se recalibrando. Poderíamos, mas agora o governo e grupos ambientais privados estão se envolvendo. E voltamos para o imenso relógio da natureza. Ele quebrou mesmo? Há alguma coisa que precise de conserto? Infelizmente, ninguém faz essa pergunta, pelo menos não quando se trata do quadro geral. Em vez disso, o tetraz-grande foi declarado uma espécie protegida na Floresta Negra, que originalmente era uma área ancestral de árvores caducifólias. Com grande estardalhaço, clareiras foram abertas e a mata sofreu queimadas em alguns trechos para a abertura de espaços para cultivo de mirtilos. O sofrimento de habitantes nativos da floresta alemã – os besouros carabídeos, por exemplo, que adoram o escuro – é convenientemente ignorado.

Algo parecido ocorre com uma prima menor: a perdiz-avelã. Até a descoberta de penas dessa ave perto de um canteiro de obras é suficiente para os trabalhos serem imediatamente interrompidos até um especialista analisar a situação. A perdiz-avelã corre o risco de desaparecer na Alemanha. Originalmente, as montanhas Eifel abrigavam apenas florestas ancestrais de árvores caducifólias. A pequena perdiz-avelã jamais conseguiria viver aqui se não fosse pelas pessoas que criaram assentamentos e limparam terrenos, dando origem a grandes matagais de zimbros para seu gado. Nesses novos habitats com poucas árvores – semelhantes ao do norte da Suécia –, a perdiz-avelã se sentia em casa. Infelizmente para as aves, as florestas daqui também estão se recuperando e fazendo sombra sobre os campos de zimbros.

Então uma série de peças está se juntando. Ambientalistas desesperados para ajudar as perdizes imploram para que as montanhas Eifel se tornem um habitat protegido: o que significa mais desbaste de árvores para que mais luz chegue ao solo e mais arbustos se desenvolvam, recuperando a dieta desses pássaros.

Órgãos florestais estão se oferecendo para ajudar. O ideal não seria voltar a usar a talhadia como uma técnica de gerenciamento? A talhadia é um método antigo para cuidar de florestas, criado centenas de anos atrás por pura necessidade. A madeira se tornava cada vez mais escassa, porque era muito usada como combustível e material de construção, e as pessoas não davam tempo para as árvores crescerem. Carvalhos e faias eram cortados na tenra idade de 20 a 40 anos (em vez de 160 a 200), porque ninguém queria esperar mais. Hectares de florestas foram derrubados. Novos brotos cresciam dos tocos e seus tronquinhos eram abatidos algumas décadas depois.

As florestas foram tão arrasadas que começaram a parecer um tapete esburacado. A perdiz-avelã adora essas condições – era como se as pessoas estivessem lhe fazendo um favor. No entanto, a silvicultura passou a seguir ideias mais razoáveis e leis rígidas proibiram a talhadia. Isso durou até o aumento da procura moderna por madeira, incentivada pelo crescimento da bioenergia. E foi assim que os novos desbastes sistemáticos passaram a ser elogiados como uma melhoria das práticas florestais históricas, além de ajudar a pequena perdiz-avelã.[1]

Uma forma romântica de derrubar árvores e preservar a natureza? Não. Esse método nunca passou de derrubadas brutais, que usam maquinário automatizado que pesa muitas toneladas. Não é assim que se estabelece uma floresta de verdade e há controvérsias se a perdiz-avelã, que impulsiona esse processo, realmente gosta do seu novo habitat. Enquanto isso, a situação não parece promissora para as espécies nativas daqui, como o pica-pau-preto e aquela larva-da-farinha que mencionei antes.

A manutenção de campos abertos é outro exemplo. Campos abertos oferecem um habitat para muitas gramíneas e plantas herbáceas. No verão, eles se enchem de flores coloridas e borboletas com padrões alegres. Esse esplendor atrai muitas espécies diferentes de pássaros, que chegam em grandes números. Conforme a agricultura se torna mais intensa, essa diversidade é ameaçada. Graças ao aumento do preço do milho devido à explosão da demanda por matérias-primas para a indústria do biogás, cada centímetro de terra livre está sendo arado e convertido em um deserto agrícola dedicado à monocultura. Nos campos, onde ainda parece existir um ar idílico, a floresta se prepara para recuperar os últimos vales isolados e os pântanos ao longo das margens de rios.

Paisagens gramadas estão sendo atacadas. Mas em vez de culparmos a agricultura, criamos uma batalha entre prado e floresta, o que significa que, para preservar as espécies que amam planícies, a mata precisa abrir espaço. Os métodos usados para combater as florestas parecem, no geral, muito pacíficos. Há, por exemplo, o gado Heck, que já mencionei. Supostamente, eles são um retrocruzamento dos auroques, o gado selvagem original, que antes pastavam pelos campos úmidos nas margens de rios e córregos. Pena que é impossível trazer essa espécie extinta de volta à vida, apesar de o gado Heck ser parecido com os auroques.

No fim das contas, esses animais não passam de gado domesticado modificado para ter uma aparência semelhante à de bois selvagens. Isso tem uma vantagem: se você deixar esse gado pastar na beira de córregos, o mundo parece perfeito. Porém, na realidade, esse tipo de atividade rural serve apenas para reforçar uma concepção errada, porque planícies (e campos gramados são planícies) não pertencem ao ecossistema natural da Alemanha, onde só havia florestas interrompidas por ocasionais cadeias montanhosas ou pântanos. As muitas plantas coloridas com suas borboletas chegaram junto com a cultura e se estabeleceram apenas quando nossos ancestrais cortaram as árvores.

Existe um motivo simples para essas paisagens desarborizadas nos encantarem tanto. Sob uma perspectiva biológica, nós somos animais de planícies e nos sentimos seguros em locais com vistas amplas, por onde conseguimos nos deslocar com facilidade. Você se lembra da teoria dos mega-herbívoros que mencionei antes? Ela também é usada na discussão entre preservação ambiental e estética para favorecer esta última. Se nós deixássemos a natureza em paz, florestas pantanosas se reestabeleceriam naturalmente ao longo de córregos e rios. Eles não abrigam plantas e borboletas coloridas, mas oferecem um habitat importante para dezenas de milhares de outras espécies. Pense na mosca *Brachyopa silviae.* Sua existência só foi descoberta recentemente. Se o gado Heck tivesse criado longos gramados enquanto impedia o crescimento das árvores amantes de umidade, então essa mosca teria desaparecido sem ninguém perceber. Enquanto nós não compreendermos exatamente como funciona o relógio da natureza, é melhor não mexermos nele.

Quero esclarecer uma coisa. Não sou contra todos os esforços para ajudar espécies individuais, mesmo se a espécie estiver em uma região devido à interferência humana, como é o caso da perdiz-avelã e do tenaz-grande. Se a espécie chegou à Alemanha em um passado distante e agora está ameaçada de extinção em todo o mundo, então (e só então) devemos nos esforçar para ajudá-la, mesmo que isso signifique perturbar partes do ecossistema nativo. No entanto, qualquer interferência à complexa rede da natureza está fora de cogitação sem uma ameaça global.

O milhafre-real é um desses casos. Essa ave de rapina com uma envergadura imponente de até 1,8 metro é o exemplo perfeito de uma espécie que se beneficiou de mudanças culturais na paisagem e que com certeza seria rara nas florestas ancestrais originais da Europa Central. Ela precisa de campos abertos para deslizar pelo ar e caçar mamíferos pequenos, pássaros e até insetos. As pessoas, com seu desejo de acabar com as florestas, ajudaram a ave. Os predadores bípedes criaram um ambiente cheio de planícies e ótimas oportunidades de caça.

Todo verão, testemunhamos como o milhafre-real se adapta com facilidade. No instante em que um fazendeiro começa a cortar feno com seu trator, a ave passa a segui-lo, procurando por ratos ou gamos que tenham sido atropelados ou abatidos. Grande parte da população mundial de cerca de 25 a 30 mil desses animais vive na Alemanha. Na maioria dos outros lugares, seus números despencaram. Se os alemães voltassem exclusivamente para a vegetação natural do país, uma boa porcentagem desses animais morreria. Eles encontraram um novo lar aqui, onde vivem de forma saudável e, portanto, devem ser incentivados a permanecer no futuro. A melhor forma de fazer isso é preservando a paisagem com pequenas fazendas e campos, além de manter as árvores em que eles fazem ninhos, estabelecendo zonas de proteção sem silvicultura.

Só um lembrete: estamos falando de uma interferência proposital em processos naturais. Nós interferimos sem querer em todos os lugares, o tempo todo, e quero restringir meus exemplos a zonas rurais abertas. Em boa parte do território da Alemanha, dizimamos plantas ancestrais (árvores) e as substituímos por grãos, batatas e legumes. O fator comum entre todas essas espécies cultivadas é que não são nativas. Até as florestas que restaram estão cheias de árvores forasteiras. Não seria legal se a gente deixasse a natureza assumir o comando, pelo menos nas áreas protegidas?

Se você acha que esse foi um comentário meio óbvio, dê uma olhada nos arquivos das áreas de preservação e parques nacionais. Eles estão cheios de planos de manutenção e desenvolvimento que contam com a ajuda intensiva de serrarias, motosserras e maquinário pesado. Nada disso é esteticamente interessante nem benéfico no sentido ecológico, porque essas áreas foram criadas para salvar o máximo de espécies nativas de árvores possível. Nós já sabemos que a maioria das tentativas de consertar as coisas dá errado, então não seria melhor simplesmente confiar que mecanismos com milhões de anos de idade são capazes de funcionar muito bem sem a nossa interferência?

Apesar de todas as notícias horríveis sobre a destruição de florestas no mundo todo, os motivos para termos esperança estão aumentando. Cada vez mais pessoas querem proteger as florestas existentes e plantar novas. Esse desejo por um recomeço nos leva a uma pergunta. Será que somos capazes de recriar esses ecossistemas multifacetados? A floresta amazônica brasileira oferece certa base para otimismo. Como ela depende de um solo muito velho, acredita-se que seja especialmente vulnerável às mudanças causadas pela civilização. "Velho", nesse caso, é usado em termos da quantidade de eras geológicas a que esse solo sobreviveu praticamente intacto. Em parte, isso aconteceu porque novas montanhas não se formaram desde o Terciário, que acabou mais de 2,6 milhões de anos atrás, o que significa que houve pouca erosão e formação de solos novos pelo desgaste de encostas pedregosas. Esse período tranquilo deixou sinais no fundo das camadas subterrâneas da terra, a uma profundidade impressionante de 30 metros.

Em boa parte da reserva que administro, é impossível cavar por mais de 60 centímetros sem encontrar uma camada de cascalho e até a superfície da terra abriga muitas pedrinhas. Por outro lado, em muitos solos tropicais da Amazônia, todas as pedras foram moídas em partículas minúsculas. Isso pode parecer um sinal de riqueza de nutrientes, mas é o oposto. Após receber chuva por centenas de milhares de anos, a terra perdeu a maioria dos nutrientes – a água os levou para uma profundidade fora do alcance das raízes das plantas.

A grande variedade de espécies que encontramos hoje, assim como a quantidade exuberante de árvores na área, parece contradizer esse fato, mas a fertilidade dessa mata é possível apenas porque os nutrientes são mantidos reféns no ecossistema por um exército de insetos, fungos e bactérias que recicla tudo que morre, comendo, digerindo e defecando os restos. Todo tronco que apodrece e cada folha caída devorada pelos insetos e excretada como húmus liberam minerais, que são avidamente absorvidos pelas raízes e reincorporados à biomassa. Se essas árvores forem cortadas, o ciclo é interrompido.

Queimadas deixam muitas cinzas para trás. Cinzas não passam de nutrientes concentrados, que agora ficam expostos a tempestades sem qualquer forma de proteção e acabam sendo carregados por rios, desaparecendo para sempre do solo. É por isso que a agricultura que segue essas práticas só é lucrativa a curto prazo – isto é, até o breve aumento de fertilidade das cinzas acabar. Os solos devastados mal são capazes de aguentar novas árvores, que lutam para sobreviver – e nem sempre têm sucesso. A diversidade tropical verdadeira, com milhões de espécies, depende do retorno de todos os fungos, insetos e animais vertebrados, que, por sua vez, precisam de condições tão especiais que provavelmente não conseguirão voltar. É isso mesmo?

Vamos retomar o ponto inicial da recuperação. A floresta acabou e o solo está destruído. Como podemos ter esperança se os nutrientes desapareceram para sempre em camadas subterrâneas ou foram levados embora pela chuva e os rios mais próximos? Afinal de contas, não existe um mecanismo natural para trazê-los de volta à superfície ou fazê-los voltar do oceano distante. Mas nem tudo está perdido e a terra torturada não necessariamente precisa se tornar um deserto.

Quando se trata dos minerais, o Saara pode ser encarado como um médico socorrista. Tempestades de areia saem do deserto pelo ar em uma quantidade imensa de partículas minúsculas, que são levadas da África para a América do Sul pelo vento. Lá, a chuva joga a carga arenosa no chão, para fertilizá-lo. Quase 33 milhões de toneladas chegam assim todo ano, incluindo 24 mil toneladas de fósforo, que é um fertilizante potente para as plantas.

Cientistas do Centro Interdisciplinar da Ciência do Sistema da Terra (ESSIC), na Universidade de Maryland,[2] analisaram imagens de satélites tiradas ao longo de sete anos para calcular a quantidade de areia com a maior precisão possível. As estimativas variaram muito, mas eles acreditam que a chegada constante de fertilizante pelo ar compense a perda de nutrientes do solo. Isso vale para as florestas intactas, pelo menos. Quando a mata é derrubada, o ritmo da perda de minerais aumenta bastante. Droga. Parece que não temos uma saída. A situação realmente é irreversível? Não, e podemos ver isso em análises das operações de desbaste sistemático da Amazônia. Quando trechos grandes de floresta são derrubados, surgem sinais de assentamentos. Assentamentos humanos.

Uma equipe de pesquisadores liderada por Jennifer Watling, que agora trabalha na Universidade de São Paulo, encontrou 450 geoglifos no Acre. Geoglifos são formas geométricas entalhadas na terra, e, no Acre, eles consistem em uma série de trincheiras e canais distribuídos por 13 mil quilômetros quadrados. Para criá-los, a floresta precisou ser removida, porém os locais indicam que os habitantes originais foram cuidadosos. Os pesquisadores não encontraram sinais de derrubadas em grande escala. Em vez disso, descobriram um sistema de gerenciamento florestal que durou milhares de anos. Espera aí. Descobriram? Como é possível calcular o tamanho dos desbastamentos executados em florestas a milhares de anos atrás?

Neste caso, a chave foram os fitólitos, partículas microscópicas de sílica encontradas em algumas plantas. Um fator interessante é que essas partículas diferem entre si, dependendo da planta em que estão, porém, o mais importante é que, ao contrário de substâncias orgânicas que sofrem uma decomposição rápida, esses cristais duram praticamente para sempre. Assim, é possível ter uma noção das plantas existentes com base na frequência de fitólitos diferentes.

Jennifer Watling e sua equipe descobriram que, ao longo dos 4 mil anos em que os povos indígenas interferiram na floresta no

Acre, a grama – uma planta tipicamente encontrada em espaços abertos – nunca ultrapassou 20% da vegetação, e a combinação de árvores foi muito alterada. Ao redor das construções feitas por humanos, o número de palmeiras, uma importante fonte de comida e material de construção, disparou. Ainda hoje, mais de 600 anos após o abandono desses assentamentos, uma quantidade notável de palmeiras permanece nos arredores dos geoglifos.

As descobertas dos pesquisadores são animadoras. Primeiro, temos um estilo de agrossilvicultura – isto é, uma mistura de agricultura e silvicultura na mesma área – que nitidamente funcionou por muito tempo sem causar grandes impactos no meio ambiente. Não há motivo para técnicas que funcionaram no passado não funcionarem no presente; então temos uma maneira de preservar o máximo possível da floresta sem excluir o ser humano. Em segundo lugar, após 600 anos, a floresta se regenerou tão bem que, antes da descoberta, os cientistas acreditavam que aquela era uma mata virgem intocada. Então, de agora em diante, devemos confiar mais no ecossistema das florestas e parar de usar o termo "irreversível". Em terceiro lugar, essa foi uma mensagem sobre o clima que realmente chamou minha atenção.

Os habitantes indígenas da floresta ocuparam áreas imensas com seu sistema de administração territorial e assim que as pessoas desapareceram, a mata se recuperou em grande escala. As pequenas áreas dedicadas à agricultura logo foram tomadas por árvores, a densidade da floresta aumentou e muito carbono foi armazenado nas árvores poderosas. Na verdade, foi tanto carbono ao mesmo tempo que os pesquisadores acreditam que esse evento pode ter causado a Pequena Era do Gelo – um período em que o mundo inteiro se tornou mais frio –, e não a erupção de vulcões que mencionei antes.[3] Entre o século XV e XIX, as temperaturas baixaram e o fracasso de colheitas e a fome caminharam de mãos dadas com o frio, verões chuvosos e invernos longos e congelantes. Será que isso tudo foi causado pela recuperação da floresta amazônica?

É claro que ninguém deseja voltar para períodos de fome, mas nosso problema atual é o clima cada vez mais quente, não o frio. A mensagem positiva a ser tirada disso tudo é que, além de ser possível recuperar as florestas originais, isso poderia guiar o clima na direção certa. E nós nem precisamos fazer nada. É o oposto, na verdade. Nós devemos parar de interferir – o máximo possível.

Epílogo

Eu adoro contar histórias. Também adoro tocar uquelele, apesar de fazer isso há anos e ainda não saber muito bem. Contar histórias é um pouco diferente por causa do feedback que recebo do público (talvez até de você). Eu me lembro da primeira vez que apareci na televisão, em 1998. Naquela época, eu ministrava um curso de sobrevivência na floresta, no qual participantes precisavam sobreviver por um fim de semana com apenas um saco de dormir, uma xícara e uma faca. A mídia adorou a ideia (e usou manchetes como "O engenheiro florestal que come minhocas!"), e uma equipe de filmagem veio da emissora de televisão local até a reserva que administro para entrevistar um dos grupos – e a mim, é claro.

Achei que me expressei bem e, mais tarde, assisti à matéria no jornal com minha família, todo orgulhoso. Em vez de ficarem impressionados, meus filhos ficaram rindo da quantidade de "ahns" que usei para pontuar todas as frases. "Mais um, pai!", gritavam a cada dois segundos, se divertindo. Meu incômodo só aumentava e, no fim do quadro, eu já estava de péssimo humor. Na entrevista seguinte, tomei muito cuidado para evitar os "ahns" e, aos poucos, comecei a ganhar elogios pelas minhas aparições.

Algo semelhante aconteceu nos muitos passeios guiados que eu oferecia pela reserva, quando falava sobre assuntos como administração florestal ecológica ou levava os grupos até nosso cemitério na mata, a Floresta Final. Ninguém me corrigia nem comentava sobre minhas limitações verbais, mas sempre havia perguntas no fim. Logo percebi que eu usava muitas expressões técnicas e fazia discursos chatos e impessoais sobre um assunto que eu amava: o fantástico ecossistema da floresta e as ameaças que ele sofria. Depois das minhas explicações, as reações eram sutis, porém dolorosas. Assim que os primeiros olhos começavam a fechar, eu sabia que estava sendo frio demais. Com o passar dos anos, um tom mais emocionado foi ganhando espaço, algo mais alinhado com a minha postura pessoal. Em outras palavras, relaxei e comecei a falar com o coração, não com o cérebro.

Uma vez após outra, depois que os passeios acabavam, os participantes perguntavam onde poderiam ler mais sobre os assuntos que expliquei. Eu não tinha resposta alguma além de um dar de ombros pesaroso. Em certo momento, minha esposa começou a me pressionar para escrever pelo menos algumas páginas para entregar às pessoas interessadas em aprender mais. Na época, eu não tinha o menor interesse em fazer isso. Um amigo se ofereceu para participar de um dos passeios com um gravador e então escrever um livro. Também não gostei dessa ideia.

E assim, durante as férias na Lapônia, me sentei diante do meu trailer com um bloco de papel e um lápis e comecei a registrar as ideias que eu mencionava nos passeios. Decidi que, se nenhuma editora se interessasse pelo livro em um ano, eu poderia tirar isso da minha lista de pendências. Nunca imaginei que as coisas seguiriam o rumo que seguiram. A pequena editora Adatia (que não existe mais) publicou meu primeiro livro *Wald ohne Hüter* [Floresta sem protetores] e achei que isso seria suficiente. Porém, conforme o tempo foi passando, mais livros surgiram da minha caneta e comecei a me divertir.

Infelizmente, meu trabalho não provocou debates profissionais entre engenheiros florestais sobre a maneira como tratamos a natureza. Observando em retrospecto, vejo que, sob o ponto de vista dos lobistas, conversas públicas com análises aprofundadas poderiam causar problemas. Porém, recentemente, com meu livro *A vida secreta das árvores*, críticas de profissionais da silvicultura vieram à tona, graças à pressão das muitas pessoas que leram meu trabalho e quiseram saber por que precisávamos usar tanto maquinário pesado em florestas. No entanto, em vez de debater minhas ideias, a maioria desses críticos seguiu uma abordagem diferente.

Eles dizem que uso uma linguagem emocionada demais. Minhas descrições fazem as árvores e os animais parecerem humanos, e isso não é cientificamente correto. Mas uma linguagem sem emoção continua sendo humana? As descrições da natureza são confiáveis apenas quando todos os processos são descritos com termos bioquímicos e dissecados de forma tão exata que você fica com a impressão de que plantas e animais são máquinas biológicas completamente automatizadas e geneticamente programadas? Nós podemos, sim, descrever todos os nossos sentimentos e atividades dessa forma, mas precisaríamos deixar de lado tudo que acontece dentro de nós e que enriquece nossas vidas. Para mim, é mais importante que as pessoas compreendam minhas explicações em um nível emocional. Só então posso guiá-las por um passeio sensorial completo pela natureza, porque é assim que comunico a parte mais importante: a alegria que todas as criaturas e seus segredos podem nos oferecer.

Agradecimentos

A rede da natureza é diversa demais para caber em um livro, o que significa que eu precisei escolher os exemplos mais impressionantes e conectá-los para que os leitores conseguissem captar a imagem geral. Minha esposa, Miriam, me ajudou muito nesse aspecto. Ela leu o rascunho muitas vezes com um olhar crítico. Não hesitou em indicar os trechos que precisavam ser mais elaborados e me ajudou a entender formas de melhorar minhas explicações.

Como sempre, meus filhos, Carina e Tobias, foram uma fonte de inspiração. Após debates intermináveis à mesa do café da manhã ou na frente da televisão (que praticamente virou uma fogueira de acampamento eletrônica), novas ideias foram surgindo e exigindo espaço no livro.

Minhas colegas Lidwina Hamacher e Kerstin Manheller seguraram as pontas na Academia Florestal de Hümmel. Enquanto eu escrevia, estávamos no meio de um período intenso, estabelecendo a academia. As duas foram compreensivas quando precisei enfrentar meus prazos e continuar escrevendo, e simplesmente assumiram meu papel na gerência do nosso empreendimento.

Os livros *A vida secreta das árvores*, *A vida secreta dos animais* e *A sabedoria secreta da natureza* jamais existiriam se a editora não tivesse acreditado desde o começo que minha mensagem para os visitantes da reserva que gerencio deveria alcançar uma plateia maior. Meu agente, Lars Schultze-Kossack, me ajudou com todas as questões que surgiram pelo caminho.

Heike Plauert, da Ludwig Verlag, minha editora, facilitou minha vida, porque depositou toda a sua confiança em mim e me deixou escrever. Isso foi ótimo, já que eu trabalhava em partes diferentes do livro ao mesmo tempo – um processo com o qual as pessoas demoram um pouco para se acostumar. Minha revisora, Angelika Lieke, teve a bondade de me ajudar a refinar o rascunho.

Beatrice Braken-Gülke, do departamento de publicidade, lidou muito bem com a mídia e me deu um pouco de paz, apesar de eu adorar responder a todas as perguntas.

Por último, mas não menos importante, quero agradecer muito a Jane Billinghurst. Fico muito feliz por suas traduções para o inglês capturarem não apenas o significado das palavras que escrevo, mas também o tom que desejo passar.

Há muitas outras pessoas que participaram do processo e, infelizmente, não é possível mencionar todas. Desde a gráfica à distribuidora e às livrarias, todo mundo fez o melhor trabalho possível para garantir que este livro fosse parar nas suas mãos. E quero agradecer a você, de verdade, por ter escolhido esta obra dentre tantas outras e por topar participar dessa jornada pela natureza comigo.

Notas

1. Sobre lobos, ursos e peixes

1 MyYellowstonePark.com, "Wolf Reintroduction Changes Ecosystem", 21 de junho de 2001, www.yellowstonepark.com/things-to-do/wolf-reintroduction-changes-ecosystem.

2 William J. Ripple, et al., "Trophic Cascades from Wolves to Grizzly Bears in Yellowstone", *Journal of Animal Ecology* 83, nº 1 (2014): 223–33, doi.org/10.1111/1365-2656.12123.

3 "Der Lübtheener Wolf wurde gezielt erschossen" (O lobo de Lübtheen foi morto propositalmente), NABU (Naturbundschutz Deutschland), dezembro de 2016, www.nabu.de/news/2016/12/21719.html.

4 M. Holzapfel, et al., "Die Nahrungsökologie des Wolfes in Deutschland von 2001 bis 2012" (A ecologia alimentícia do lobo na Alemanha entre 2001 a 2012), www.wolfsregion-lausitz.de/index.php/nahrungszusammensetzung.

5 "Wie viel Naturschutz verträgt unser Land?" (Quanta preservação ambiental nosso país aguenta?) Declaração de Olaf Tschimpke, presidente do NABU (Naturbundschutz Deutschland), no programa de televisão *Hart aber fair* (Rígido porém justo), 23 de janeiro de 2017, ARD (rede pública alemã), www.nabu.de/news/2017/01/21855.html.

6 A.D. Middleton, et al., "Grizzly Bear Predation Links the Loss of Native Trout to the Demography of Migratory Elk in Yellowstone", *Proceedings of the Royal Society B: Biological Sciences* 280, nº 1.762 (15 de maio de 2013): 2013.0870, doi.org/10.1098/rspb.2013.0870.

2. Salmões nas árvores

1 S.M. Gende, T.P. Quinn, et al., "Magnitude and Fate of Salmon–Derived Nutrients and Energy in a Coastal Stream Ecosystem", *Journal of Freshwater Ecology* 19, nº 1: 149, doi.org/10.1080/02705060.2004.9664522.

2 J. Robbins, "Why Trees Matter", *The New York Times*, 11 de abril de 2012, www.nytimes.com/2012/04/12/opinion/why-trees-matter.html.

3 T. Reimchen e M. Hocking, "Salmon-Derived Nitrogen in Terrestrial Invertebrates from Coniferous Forests of the Pacific Northwest", *BmC Ecology* 2 (19 de março de 2002): 4, doi.org/10.1186/1472-6785-2-4.

4 C. Wolter, "Nicht mehr als dreimal in der Woche Lachs" (Salmão apenas três vezes por semana), *Nationalpark-Jahrbuch Unteres Odertal* 4: 118–26, www.nationalpark-unteres-odertal.de/de/publikationen/nicht-mehr-als-dreimal-der-woche-lachs.

5 "Quatsch anfangen" (Falando bobagem), *Der Spiegel*, vol. 38 (1988).

6 ARGE Ahr, "Bejagung des Kormorans" (Caça aos cormorões), 25 de outubro de 2016, www.arge-ahr.de/tag/kormoran.

7 Anne Helmenstine, "Elements in the Human Body and What They Do", Science Notes, 20 de maio de 2015, sciencenotes.org/elements--in-the-human-body-and-what-they-do/.

8 A. Oita, et al., "Substantial Nitrogen Pollution Embedded in International Trade", *Nature Geoscience* 9 (25 de janeiro de 2016): 111–15, doi.org/10.1038/Ngeo2635.

9 Anne Post, "Why Fish Need Trees and Trees Need Fish", Alaska Fish & Wildlife News, novembro de 2008, www.adfg.alaska.gov/index.cfm?adfg=wildlifenews.view_article&articles_id=407.

3. As criaturas no seu café

1 Axel Bojanowski, "Forscher rätseln über seltsame Tiefenwesen" (Pesquisadores estão confusos com formas de vida estranhas), *Der*

Spiegel on-line, 13 de dezembro de 2013, www.spiegel.de/wissenschaft/natur/mikrobenursprung-des-lebens-kilometer-unter-erde--moeglich-a-938358-druck.html.

2 Bundesministerium für Umwelt, Naturschutz und Reaktorsicherheit (BMU), Grundwasser in Deutschland (Água subterrânea na Alemanha), Referat Öffentlichkeitsarbeit, Berlim, agosto de 2008, 7.

3 Gianfranco Novarino, et al., "Protistan Communities in Aquifers: A Review", *Fems Microbiology Reviews* 20 (1997): 261–75, doi.org/10.1111/j.1574-6976.1997.tb00313.x, onlinelibrary.wiley.com/doi/10.1111/j.1574-6976.1997.tb00313.x/full.

4 R. Sender, S. Fuchs, R. Milo, "Revised Estimates for the Number of Human and Bacteria Cells in the Body", *PLOS Biol* 14, nº 8 (2016): e1002533, doi.org/10.1371/journal.pbio.1002533.

4. Por que as árvores não gostam de cervos

1 B. Ochse, et al., "Salivary Cues: Simulated Roe Deer Browsing Induces Systemic Changes in Phytohormones and Defence Chemistry in Wild-Grown Maple and Beech Saplings", *Functional Ecology* 31, nº 2 (8 de agosto de 2016): 340–49, doi.org/10.1111/1365-2435.12717.

5. Formigas – as soberanas secretas

1 Christoph Drösser, "Ein Haufen Ameisen" (Um montão de formigas), *Die Zeit* on-line, 20 de março de 2008, www.zeit.de/2008/13/StimmtsAmeisen-und-Menschen.

2 W. Jirikowski, "Wichtige Helfer im Wald: hügelbauende Ameisen" (Ajudantes importantes de florestas: formigas construtoras de morros), *Der Fortschrittliche Landwirt*, Graz (14): 105–7.

3 T. Oliver, et al., "Ant Semiochemicals Limit Apterous Aphid Dispersal", *Proceedings of the Royal Society B* 274, nº 1.629 (22 de dezembro de 2007): 3127–32, doi.org/10.1098/rspb.2007.1251.

4 T. Mahdi e J.B. Whittaker, "Do Birch Trees (Betula pendula) Grow

Better if Foraged by Wood Ants?", *Journal of Animal Ecology* 62, nº 1 (janeiro de 1993): 101–16, doi.org/10.2307/5486.

5 J.B. Whittaker, "Effects of Ants on Temperate Woodland Trees", em C.R. Huxley e D.F. Cutler, orgs., *Ant-Plant Interactions* (Nova York: Oxford University Press, 1991), 67–79.

6. Todos os besouros escotilíneos são ruins?

1 Governo da Colúmbia Britânica, "Mountain Pine Beetle Projections", www2.gov.bc.ca/gov/content/industry/forestry/managing--our-forest-resources/forest-health/forest-pests/bark-beetles/mountain-pine-beetle/mpb-projections.

2 H. Rosner, "The Bug That's Eating the Woods", *National Geographic*, abril de 2015, ngm.nationalgeographic.com/2015/04/pine-beetles/rosner-text.

7. O banquete fúnebre

1 X. Gu e R. Krawczynski, "Tote Weidetiere—staatlich verhinderteForderung der Biodiversität" (Animais de pasto mortos – proibições federais para a biodiversidade), *Artenschutzreport*, nº 28 (2012): 60–64.

2 Ibid.

3 "Die Rückkehr des Knochenfressers" (O retorno do comedor de ossos), spectrum.de, 24 de setembro de 2010, www.spektrum.de/news/die-rueckkehr-des-knochenfressers/1046860.

4 Club300.de, "Rarities Germany: Gänsegeier" (Raridades alemãs: abutre-fouveiro), www.club300.de/alerts/index2.php?id=203.

5 C. Westerhaus, "Weibchen lassen Männchen während der Brutpflege abblitzen" (Fêmeas rejeitam machos enquanto cuidam dos filhotes), *Deutschlandfunk*, 23 de março de 2016, www.deutschlandfunk.de/totengraeber-kaefer-weibchen-lassen-maennchen-waehrend--der.676.de.html?dram:article_id=349257.

8. Acendam as luzes!

1 H.U. Schnitzler e O.W. Henson, "Sonar Systems in Microchiroptera", em R.G. Bushnel, et al., *Animal Sonar Systems* (Nova York: Plenum Press, 1980).

2 Hannah M. Moir, et al., "Extremely High Frequency Sensitivity in a 'Simple' Ear", *Biology Letters* 9, nº 4 (8 de maio de 2013), doi.org/10.1098/rsbl.2013.0241.

3 "Wo tanzt das Glühwürmchen?" (Onde os vagalumes dançam?), www.laternentanz.eu/Content/Informations/Living.aspx.

4 David J. Merritt e Sakiko Aotani, "Circadian Regulation of Bioluminescence in the Prey-Luring Glowworm, Arachnocampa flava", *Journal of Biological Rhythms* 23, nº 4 (agosto de 2008): 319–29, doi.org/10.1177/0748730408320263.

5 Wynne Parry, "Fireflies' Unique Flashes Help Distinguish Species", *LiveScience*, 29 de março de 2012, www.livescience.com/19376-fireflyglow-signals.html.

6 T. Eisner, et al., "Firefly 'Femmes Fatales' Acquire Defensive Steroids (Lucibufagins) from Their Firefly Prey", *PNAS* 94, nº 18 (2 de setembro de 1997): 9723–28, doi.org/10.1073/pnas.94.18.9723.

9. A sabotagem da produção do presunto ibérico

1 Michael Stang, "Die eigenwilligen Flugrouten der Kraniche" (As rotas de migração escolhidas pelas aves), www.deutschlandfunk.de/globales-kommunikationsnetz-bei-zugvoeglen-die.676.de.html?dram:article_id=321788.

2 Gregor Rolshausen, et al., "Contemporary Evolution of Reproductive Isolation and Phenotypic Divergence in Sympatry along a Migratory Divide", *Current Biology* 19, nº 24 (3 de dezembro de 2009): 2097–101, doi.org/10.1016/j.cub.2009.10.061.

3 Katy Sewall, "The Girl Who Gets Gifts from Birds", *BBC News Magazine* on-line, www.bbc.com/news/magazine-31604026.

10. Como as minhocas controlam os javalis

1 W. Arnold, et al., "Nocturnal Hypometabolism as an Overwintering Strategy of Red Deer (Cervus elaphus)", *American Journal of Physiology, Regulatory, Integrative, and Comparative Physiology* 286, nº 1 (1º de janeiro de 2004): R174–R181, doi.org/10.1152/ajpregu.00593.2002.

2 Blick Acktuell, "Hohe Rotwilddichte im Kesselinger Tal wird zu Problem" (A alta densidade de cervos-vermelhos no vale Kesselinger está se tornando um problema), www.blick-aktuell.de/Bad-Neuenahr/HoheRotwilddickte-im-Kesselinger-Tal-wird-zu-Problem-27341.html.

3 U. Dohle, "Besser: Wie mästet Deutschland?" (Melhor: Como a Alemanha engorda?), *Ökojagd*, fevereiro de 2009, 14–15.

4 Forstbotanische Garten (parque florestal e botânico), Georg-AugustUniversität-Göttingen, "Stieleiche" (O carvalho-vermelho), www.uni-goettingen.de/de/blüten-samen-und-früchte/16692.html.

5 N. Hahn, "Raumnutzung und Ernährung von Schwarzwild" (Uso territorial e alimentação de javalis), *LWF aktuell* 35, 32–34, www.waldwissen.net/wald/wild/management/lwf_raum_schwarzwild/index_De.

6 Axel Weiss, "Sauenmast im Westerwald" (Alimentando javalis-fêmeas em Westerwald), www.swr.de/blog/umweltblog/2008/10/18/sauenmast-imwesterwald/.

7 Karl-Maria ImBoden, "Regenwurm" (Minhoca), www.regenwurm.ch/de/leistungen.html.

8 S. Blome e M. Beer, "Afrikanische Schweinepest" (Peste Suína Africana), *Berichte aus der Forschung, FoRep* 2/2013, Friederich-LöfflerInstitut, Insel Reims.

11. Contos de fadas, mitos e a diversidade das espécies

1 Bundesamt für Naturschutz (BfN) (Agência Federal de Preservação Ambiental), "Artenschutz-Report 2015, Tiere und Pflanze in

Deutschland" (Relatório de preservação ambiental de 2015, animais e plantas na Alemanha), Bonn, maio de 2015, 12.

2 Ministério Federal de Agricultura e Abastecimento (BMEL), "Der Wald in Deutschland, ausgewählte Ergebnisse der dritten Bundeswaldinventur" (As florestas na Alemanha: resultados selecionados do Terceiro Inventário Nacional das Florestas), Berlim, abril de 2016.

3 "Neue Tierart entdeckt" (Nova espécie descoberta), Pressemitteilung des Helmholtz-Zentrums für Umweltforschung ufZ (Comunicado à imprensa do Centro de Pesquisa Ambiental Helmholtz – UFZ), 20 de março de 2015, www.ufz.de/index.php?de=35747.

4 E. Dressaire, et al., "Mushroom Spore Dispersal by Convectively Driven Winds", Cornell University Library, dezembro de 2015, arXiv 1512.07611v1 [physics.bio-ph].

5 C. Pietschmann, "Pilzgespinst in Wurzelwerk" (A ameaça dos fungos contra raízes), Max-Planck-Institut für molekulare Pflanzenphysiologie (Instituto Max Planck de Fisiologia Molecular de Plantas), 21 de dezembro de 2011, www.mpimp-golm.mpg.de/5630/news_publications_4741538.

6 Anne Casselman, "Strange but True: The Largest Organism on Earth Is a Fungus", *Scientific American*, 4 de outubro de 2007, www.scientificamerican.com/article/strange-but-true-largest-organismis-fungus/.

7 G. Möller, "Struktur- und Substratbindung holzbewohnender Insekten, Schwerpunkt Coleoptera-Käfer" (Ligação estrutural e específica para substratos de insetos que vivem em madeira, com foco no Coleoptera), Dissertation zur Erlangung des akademischen Grades des Doktors der Naturwissenschaften (Dr.rer.nat.), eingereicht im Fachbereich der Biologie, Chemie, Pharmazie der Freien Universität Berlin (Dissertação de doutorado em Ciências Naturais, Faculdade de Biologia, Química e Farmácia da Freien Universität Berlin), março de 2009, 35–36.

12. A floresta e o clima

1 K. Naudts, et al., "Europe's Forest Management Did Not Mitigate Climate Warming", *Science* 351, nº 6.273 (5 de fevereiro de 2016): 597–600, doi.org/10.1126/science.aad7270.

2 Michelle Hampson, "Centuries of European Forest Management Have Not Cooled Climate", American Association for the Advancement of Science, 3 de fevereiro de 2016, www.aaas.org/news/science-centurieseuropean-forest-management-have-not-cooled-climate.

3 Jason Kirby, et al., "Ion-Induced Nucleation of Pure Biogenic Particles", *Nature* 533 (26 de maio de 2016): 521–26, doi.org/10.1038/nature17953.

4 R. Wengenmayr, "Staub, an dem Wolken wachsen" (A poeira que cria nuvens), Mitteilung der Max-Planck-Gesellschaft, 22 de fevereiro de 2010, Instituto Max Planck de Química, Mainz.

5 M. Dobbertin e A. Giuggiolo, "Baumwachstume und erhöhte Temperaturen" (O crescimento de árvores e o aumento da temperatura), *Forum für Wissen* 206: 35–45.

6 Instituto de Saúde Pública Veterinária, Universidade de Medicina Veterinária de Viena, Mapa climático de Köppen-Geiger, koeppen-geiger.vu-wien.ac.at/.

7 Karl Gartner e Markus Neumann, "Wie schützen sich Waldbäume vor extremer Kälte?" (Como árvores de florestas se protegem do frio extremo?), waldwissen.net, 6 de março de 2012.

8 G.H. Miller, et al., "Abrupt Onset of the Little Ice Age Triggered by Volcanism and Sustained by Sea-Ice/Ocean Feedbacks", *Geophysical Research Letters* 39, nº 2 (janeiro de 2012): L02708, doi.org/10.1029/2011gl050168.

13. Pode vir quente que a floresta está fervendo

1 D. Kraus, F. Krumm e A. Held, "Waldbrände schaffen Artenvielfalt" (Fogo cria diversidade de espécies), www.waldwissen.net/waldwirtschaft/schaden/brand/fva_waldbrand_artenvielfalt/index_de.

2 F. Berna, et al., "Microstratigraphic Evidence of In Situ Fire in the Acheulean Strata of Wonderwerk Cave, Northern Cape Province, South Africa", *PNAS* 109, nº 20: E1215–E1220, doi.org/10.1073/pnas.1117620109.

3 P. Bethge, "Ich koche, also bin ich" (Cozinho, logo existo), *Der Spiegel* 52, 2007, 126–29.

4 Peter Hirschberger, Wälder in Flammen: Ursachen und Folgen der weltweiten Waldbränder (Florestas em chamas), WWF Deutschland, Berlim, julho de 2011, 33.

14. Nosso papel na natureza

1 Monash University, News and Events, "Humans Caused Australia's Megafaunal Extinction", 20 de janeiro de 2017, www.monash.edu/news/articles/humans-caused-australias-megafaunal-extinction.

2 Thomas Litt, "Waldland Mitteleuropa: Die Megaherbivorentheorie aus paläobotanischer Sicht" (A Europa central enquanto floresta: a teoria dos megaherbívoros sob uma perspectiva paleobotânica), em Tagungsband "Grosstiere als Landschaftsgestalter—Wunsch oder Wirklichkeit?" (Transcrição de conferência: Grandes animais moldam a paisagem – verdade ou falso?), Freising, agosto de 2000, Bayerisches Staatsministerium für Ernährung, Landwirtschaft und Forsten (Ministério de Agricultura, Abastecimento e Meio Ambiente da Bavária), nº 27: 50–57, www.gbv.de/dms/tib-ub-hannover/320198219.pdf.

3 Hubert Weiger, "Chancen und Risiken der Megaherbivorentheorie" (Possibilidades e riscos da teoria dos megaherbívoros), em Tagungsband "Grosstiere als Landschaftsgestalter—Wunsch oder Wirklichkeit?" (Transcrição de conferência: Grandes animais moldam a pai-

sagem – verdade ou falso?), Freising, agosto de 2000, Bayerisches Staatsministerium für Ernährung, Landwirtschaft und Forsten (Ministério de Agricultura, Abastecimento e Meio Ambiente da Bavária), nº 27: 3–5, www.gbv.de/dms/tib-ub-hannover/320198219.pdf.

4 BUND, Friends of the Earth Germany, "Ein Rettungsnetz für die Wildkatze" (Uma rede de segurança para gatos selvagens), www.bund.net/themen_und_projekte/rettungsnetz_wildkatze/.

5 J.R. Moore, et al., "Anthropogenic Sources Stimulate Resonance of a Natural Rock Bridge", *Geophysical Research Letters* 43, nº 18 (28 de setembro de 2016): 9669–76, doi.org/10.1002/2016gl070088.

15. O fator desconhecido em nossos genes

1 F. Ramirez Rozzi, et al., "Cutmarked Human Remains Bearing Neandertal Features and Modern Human Remains Associated with the Aurignacian at Les Rois", *Journal of Anthropological Sciences* 87 (2009): 153–85.

2 C. Simonti, et al., "The Phenotypic Legacy of Admixture between Modern Humans and Neanderthals", *Science* 351, nº 6.274 (2 de fevereiro de 2016): 737–41, doi.org/10.1126/science.aad2149.

3 Ibid.

4 M. Kuhlwilm, et al., "Ancient Gene Flow from Early Modern Humans into Eastern Neanderthals", *Nature* 530 (25 de fevereiro de 2016): 429–33, doi.org/10.1038/nature16544.

5 G. Arora, et al., "Did Natural Selection for Increased Cognitive Ability in Humans Lead to an Elevated Risk of Cancer?", *Medical Hypotheses* 73, nº 3 (setembro de 2009): 453–56.

16. O velho relógio

1 Exemplo de como a talhadia é apresentada na literatura promocional de uma comissão federal para florestas: Landesforsten Rheinland-Pfalz (Florestas Estaduais de Rhineland-Palatinate), "Niederwald in

Rheinhessen—ein neues Projekt" (Talhadia em Rheinhessen—um novo projeto), www.wald-rlp.de/en/forstamt-rheinhessen/wald/niederwaldprojekt.

2 H. Yu, et al., "The Fertilizing Role of African Dust in the Amazon Rainforest: A First Multiyear Assessment Based on Data from Cloud-Aerosol Lidar and Infrared Pathfinder Satellite Observations", *Geophysical Research Letters* 42 (18 de março de 2015): 1984–91, doi.org/10.1002/2015gl063040.

3 J. Watling, et al., "Impact of Pre-Columbian Geoglyph Builders on Amazonian Forests", *PNAS* 114, nº 8 (2017): 1868–73, doi.org/10.1073/pnas.1614359114.

CONHEÇA OS LIVROS DE PETER WOHLLEBEN

A vida secreta das árvores

A vida secreta dos animais

A sabedoria secreta da natureza